CHANCEN UND STRATEGIEN

CHANCEN UND STRATEGIEN

DIE MATHEMATISCHE BERECHNUNG VON GEWINNCHANCEN

JORDI DEULOFEU

Librero

Die Originalausgabe erschien 2010 unter dem Titel:
Prisioneros con dilemas y estrategias dominantes: teoría de juegos

Postbus 72, 5330 AB Kerkdriel, Niederlande

Bildnachweis Innenseiten: Age-Fotostock: 131; Album: 43, 69; Album Lessing: 19, 46; Album Oronoz: 66, 74; Archives RBA: 13, 18, 21, 22, 24, 25, 27, 28, 30, 32, 36, 37, 41, 44, 47, 55, 60, 68, 70, 80, 92, 96; Corbis: 97, 109; Filippo Coarelli (Red.): 78; Getty Images: 39, 83, 117, 122; iStockphoto: 15; The Yorck Project: *10.000 Meisterwerke der Malerei*: 17; Toulouse, Archevêché: 67

Bildnachweis Umschlag:
Formeln © iStockphoto.com/Suljo
mathematische Figuren © iStockphoto.com/mustafahacalaki
Dominostein © iStockphoto.com/sumkinn

Produktion der deutschsprachigen Ausgabe:
Tanja Timmerman vertaling & redactie
Übersetzung: Simone Kühn
Fachberatung: Dipl.-Math. Evelyn Lerche, Universität Kassel
Satz: Elixyz Desk Top Publishing

Printed in Slovenia

ISBN: 978-90-8998-718-1

Inhalt

Es gibt kein Teilgebiet der Mathematik, wie abstrakt
es auch sein mag, das nicht eines Tages auf Phänomene
der realen Welt angewandt werden könnte.
Nikolai Lobatschewski

Wenn die Menschen nicht glauben, dass Mathematik
einfach ist, dann nur, weil sie sich nicht bewusst sind,
wie kompliziert das Leben ist.
John von Neumann

Vorwort

Wo liegt die Verbindung zwischen Spielen und Mathematik? Dienen mathematische Spiele ausschließlich Unterhaltungszwecken oder können sie auch zur Abbildung von wirklichen Lebenssituationen herangezogen werden? Wenn ein Spiel aus einer mathematischen Perspektive analysiert wird, welche Informationen werden benötigt und was kann daraus gelernt werden? Kann die Mathematik verwendet werden, um Aspekte des menschlichen Verhaltens zu analysieren und bei der Entscheidungsfindung zu helfen?

Dies sind nur einige der Fragen, die dieses Buch zu beantworten versucht. Es ist ein Buch über Mathematik und Spiele, das im Gegensatz zu anderen Büchern, die dasselbe Thema behandeln, nicht aus einer Sammlung verschiedener Spiele, die einer Reihe von Fertigkeiten bedürfen, besteht. Es basiert vielmehr auf einer Sammlung mathematischer Konzepte, Prozesse und Theorien, die auf der Grundlage der Analyse bestimmter Spiele entwickelt werden können.

Die Herangehensweise dieses Buches versucht zu zeigen, dass Dichotomien, wie ernsthafte Mathematik oder Unterhaltungsmathematik, reine oder angewandte Mathematik, tatsächlich zwei Seiten derselben Medaille sein können – oder die vier Seiten eines Tetraeders. Die mathematische Untersuchung von Spielen erweckt zunächst den Anschein der Unterhaltung und ihre Analyse scheint in der Mathematik in einem rein intellektuellen Vergnügen zu resultieren. Doch dank der Spieltheorie kann sie im Hinblick auf ihre Bedeutung für das wirkliche Leben zu einem der wichtigsten Teilgebiete der Mathematik werden.

Nachdem im ersten Kapitel die Geschichte der Spieltheorie erläutert wird, um die historische Beziehung zwischen der Mathematik und Spielen aufzuzeigen, befasst sich das zweite Kapitel mit Spielen, die zunächst keine Glücks- oder Zufallskomponente enthalten (sogenannte Strategiespiele). Hier werden einige Beispiele einfacher Strategiespiele vorgestellt und es wird gezeigt, wie ein Spiel analysiert werden kann, um einen Weg zu finden, mit dem immer gewonnen werden kann (Gewinnstrategie). Zudem wird die bei dieser Analyse verwendete Mathematik erklärt. Kapitel 3 beschäftigt sich mit Spielen mit Glücks- oder Zufallskomponente und erläutert dabei die Grundlagen der Wahrscheinlichkeitstheorie, basierend auf Wettspielen, bei denen berechnet werden muss, wie wahrscheinlich ein Ereignis eintritt.

In den beiden letzten Kapiteln erfolgt eine Einführung in die Spieltheorie, ein von John von Neumann in den frühen Jahren des 20. Jahrhunderts gegründetes Teilgebiet der Mathematik. Es beschäftigt sich mit Aspekten menschlichen Verhaltens, um den Prozess der Entscheidungsfindung in den unterschiedlichsten Bereichen wie Wirtschaft, Politik, Militär und Tierverhalten zu optimieren. Diese Theorie nutzt Spiele als mathematische Modelle, die wirkliche Situationen simulieren.

Sie analysiert anhand verschiedener Dilemmas – wie dem Feiglingsspiel oder dem Gefangenendilemma – bis zu welchem Punkt ein Risiko eingegangen werden sollte, um zu gewinnen, bzw. ob leugnen oder gestehen klüger ist. Diese beiden klassischen Rätsel reflektieren die in vielen realen Situationen vorhandenen Umstände, in denen die Spannung zwischen Konfrontation und Kooperation die Entscheidungsfindung erheblich erschwert. Auch wenn die Mathematik keine endgültigen Lösungen für diese Dilemmas bietet, zeigt sie doch mithilfe der Quantifizierung der verschiedenen Möglichkeiten die Risiken der Konfrontation und die Vorteile der Kooperation.

Kapitel 1

Eine kurze Geschichte der Beziehung zwischen Mathematik und Spielen

Das Leben ist lebenswert, um die besten Spiele zu spielen … und zu gewinnen.
Plato

Ist die Mathematik immer ernsthaft oder kann sie auch spielerisch sein? Ist die reine Mathematik die einzig wahre Disziplin oder ist ihr die angewandte Mathematik ebenbürtig? Die Antwort auf beide Fragen kann ja und nein lauten. Dies sollte richtigerweise als Versuch interpretiert werden, diese Frage zu vermeiden. Wir möchten stattdessen versuchen, dieses Thema zu erhellen, indem wir zunächst den Grund dafür erklären, dass wir diese Fragen gestellt haben.

Die Debatte darüber, ob die Mathematik ausschließlich zum Selbstzweck besteht in ihrem Versuch, ihre eigenen Probleme zu lösen, oder ob sie aus Problemen resultiert, die in anderen Disziplinen oder Bereichen entstehen, ist uralt. Ein Blick in die Geschichte dieser Wissenschaft kann dazu beitragen, Licht ins Dunkel zu bringen. Die Mathematik des alten Ägypten und Babylon war im Wesentlichen eine angewandte Wissenschaft, wie Aufzeichnungen aus dieser Zeit belegen. Mit den Griechen haben sich die Dinge allerdings geändert. Die Mathematik wurde zum Werkzeug für den Beweis absoluter Wahrheiten – eine reine Wissenschaft, die mit abstrakten Einheiten, wie Zahlen und Formen,

Die spielerische Natur von Spielen bedeutet nicht, dass sie keine Berechnungen beinhalten. Im Gegenteil: Häufig gewinnt der Spieler, der die präzisesten Berechnungen anstellt.

arbeitet, obwohl deren Anwendung unerwartet in zahlreichen alltäglichen Ereignissen, aber auch in der Verfolgung anderer Wissenschaften auftaucht.

Es kann argumentiert werden, dass die Mathematik im weitesten Sinn ein Versuch ist, Probleme zu lösen und Fragen über die Welt, in der wir leben, zu beantworten. Da die Mathematik eine rein menschliche Aktivität ist, ist sie auch abhängig von der Kultur, in der ihre Anwender leben und arbeiten, und es ist diese Kultur, die bestimmt, welche Probleme so schwerwiegend sind, dass sie gelöst werden müssen.

Ernsthafte Mathematik und Unterhaltungsmathematik, rein und angewandt

In seinem Vortrag *Die Rolle der Mathematik in Wissenschaft und Gesellschaft* erklärte John von Neumann, eine der bedeutendsten Figuren in diesem Buch, wie viele großartige mathematische Ideen entwickelt wurden, ohne an ihre Anwendung oder Nützlichkeit zu denken. Dennoch haben sich die von Mathematikern entwickelten Theorien, Modelle und Methoden als nützlich für die Lösung von Problemen oder die Beantwortung von Fragen aus den verschiedensten Wissensbereichen erwiesen. Gleichzeitig haben viele mathematische Ideen sich als alles durchdringend gezeigt; denn obwohl die Mathematik weit von der Realität entfernt zu sein scheint, kann sie in fast allen Lebensbereichen gefunden werden.

Von Neumann gehört zu den Mathematikern, denen daran gelegen ist, Anwendungen für ihre Theorien zu finden. Schließlich ist er nicht umsonst einer der Begründer der Spieltheorie, ein Zweig der angewandten Mathematik. Er zeigte auf, wie viele wissenschaftliche Errungenschaften erzielt wurden, als Wissenschaftler aufhörten zu untersuchen, was nützlich sein könnte, und sich stattdessen in ihrer Suche nach intellektueller Exzellenz von der Neugier leiten ließen. Tatsächlich bemerkte von Neumann am Ende seines Vortrags, dass der wissenschaftliche Fortschritt weit über das hinausgegangen ist, was die Menschheit erreicht hätte, wenn sie die Forschung ausschließlich auf das Nützliche beschränkt hätte, und dass dieser *laissez-faire*-Ansatz für einige außergewöhnliche Errungenschaften im Bereich der Mathematik verantwortlich war.

Indem wir eine Parallele zur Nützlichkeit der Mathematik ziehen, kommen wir nun zur spielerischen Natur dieser Disziplin. Kann eine so abstrakte Wissenschaft auch Spaß machen? Und wieder hilft die Geschichte der Mathematik bei der Beantwortung dieser Frage. In diesem Kapitel werden wir sehen, wie die mathematische Untersuchung von Rätseln und Spielen in fast allen Zeiten betrieben wurde und die Quelle neuer Theorien – wie der Wahrscheinlichkeitstheorie, der Graphentheorie und natürlich der

Spieltheorie – bildete. Rätsel, Spiele und mathematische Probleme haben eines gemeinsam – sie stellen eine intellektuelle Herausforderung dar, deren Annahme die Spieler zu großen Anstrengungen zwingt, um das Problem zu lösen und ihre Kontrahenten zu besiegen. Dieses Streben erscheint dem ungebildeten Zuschauer anstrengend und sogar langweilig. Für diejenigen, die intellektuelle Herausforderungen und Spiele, bei denen sie „denken" müssen, lieben, stellen solche Aktivitäten eine maßgebliche Quelle

Viele gängige Spiele können aus der Sicht der Spieltheorie analysiert werden.

der Befriedigung dar. Der Grund dafür besteht laut Miguel de Guzmán darin, dass die Mathematik immer ein Spiel ist, obwohl sie gleichzeitig auch vieles andere ist.

Nur weil die Mathematik um ihrer selbst Willen ein wichtiges Bestreben ist, viele Anwendungsmöglichkeiten in verschiedenen Lebensbereichen hat und häufig schwierig ist (wie das Spielen einiger der besten Spiele), bedeutet das nicht notwendigerweise, dass Mathematik langweilig ist. Es ist wahr, dass einige Lehrmethoden diesen Eindruck erwecken können. Die Beschäftigung mit bedeutungslosen Rechenaufgaben hat wenig mit Mathematik zu tun. Diejenigen allerdings, die in die Mathematik vorgedrungen sind, wissen, dass Mathematik spannend und unterhaltend sein kann.

Ein kurzer Überblick über die Geschichte von Mathematik und Spielen wird zeigen, dass die spielerischen Elemente über die Zeit stets vorhanden waren – vom alten Ägypten bis zum 21. Jahrhundert. Obwohl das Wort *Spiel* häufig in Bezug auf eine Aktivität benutzt wird, die eine einzelne Person oder Personengruppe zur Unterhaltung betreibt, wird es ab sofort benutzt werden, um zwischen mathematischen Rätseln und Spielen zu unterscheiden. Während es sich bei Rätseln um Probleme spielerischer Natur handelt, die von einer Person gelöst werden müssen, ist ein Spiel eine Aktivität, an der wenigstens zwei Personen beteiligt sind, wobei es das vorrangige Ziel der Spieler ist, ihre Kontrahenten zu besiegen. Wenn wir zur Analyse von Spielen übergehen, wird es unser Ziel sein, Gewinnstrategien zu bestimmen, wenn solche Strategien bestehen (bei Strategiespielen ohne Zufallskomponente), oder Strategien zur Steigerung der Gewinnwahrscheinlichkeit (bei Spielen mit Zufallskomponente).

Mathematik und Spiele bis zum 17. Jahrhundert

Seit ihrem Ursprung ist die Geschichte der Mathematik voller Bezüge zu Spielen. Vor dem 17. Jahrhundert war es unmöglich, das, was wir ernsthafte Mathematik nennen, von der Unterhaltungsmathematik oder mathematischen Rätseln zu trennen, so eng verwoben waren beide Aktivitäten. Im Jahr 1612 erschien in Frankreich das erste Buch, das sich ausschließlich mit mathematischen Rätseln befasste: *Problèmes Plaisants et Délectables qui se Font par les Nombres* von Claude-Gaspar Bachet de Méziriac. Ab diesem Punkt trennten sich allmählich die beiden Aspekte der Mathematik. Nichtsdestotrotz begegneten sie sich häufig, beispielsweise in der wegweisenden Arbeit zur Wahrscheinlichkeit von Fermat und Pascal und einem Interesse an Rätseln, das viele berühmte Mathematiker teilten – von Newton bis hin zu Euler und Gauss. Letztlich wurde die sehr ernsthafte Mathematik der Spieltheorie in der Mitte des 20. Jahrhunderts formuliert.

Spiele und Mathematik in der Antike

Brettspiele und Unterhaltungsrätsel waren bereits in den beiden großen antiken Zivilisationen Ägypten und Babylon bekannt, für die die Mathematik im Wesentlichen praktischer Natur war. So sind das altägyptische Brett- und Gesellschaftsspiel *Senet* und das babylonische *Königliche Spiel von Ur* die beiden ältesten bis heute existierenden Brettspiele. Eines der ältesten bekannten Dokumente ägyptischer Mathematik, das *Papyrus Rhind* aus dem Jahr 1650 v. Chr., wurde um 1850 im Grab von Ramses II. entdeckt. 1856 wurde es in Luxor von Alexander Henry Rhind erworben und wird heute im British Museum in London aufbewahrt. Neben praktischen Rechenproblemen, die sich mit Verteilung und Messung befassten, beinhaltet es auch mathematische Probleme, die keinen solchen Kontext haben und auf Unterhaltungsaspekte hindeuten.

Beispielsweise besagt das 24. Problem des Papyrus: Eine Zahl plus ein Siebtel davon ergibt 19, eine Aussage, deren moderne Übersetzung lauten würde: Finde eine Zahl, die 19 ergibt, wenn sie mit einem Siebtel ihres Wertes addiert wird. Eine schriftliche Lösung dieses Problems – das einfach mithilfe von linearen Gleichungen gelöst werden kann, wenngleich diese Methode den Ägyptern offensichtlich unbekannt war – wird

Ein Wandgemälde in der Vorkammer der Grabstätte von Nefertari, der großen königlichen Gemahlin von Ramses II., zeigt sie beim Spielen von Senet.

von Ahmes geboten, dem Verfasser des Papyrus, indem er eine interessante Technik anwendet, die als Regula-falsi-Verfahren bekannt ist. Diese Methode wurde damals zur Lösung vieler arithmetischer Probleme verwendet. Im vorliegenden Fall wurde sie folgendermaßen angewendet: Ahmes stellt sich vor, dass 7 die Lösung ist und macht die folgende Berechnung: $7 + 7 \cdot \frac{1}{7} = 8$. Das Ergebnis ist nicht 19. Er versucht also herauszufinden, wie oft die Zahl 8 multipliziert werden muss, um 19 zu ergeben, das heißt, er teilt 19 durch 8, was in ägyptischer Mathematik folgendermaßen dargestellt wird:

$$(8\times)\ 2 \text{ -------- } 16$$
$$(8\times)\ 1/4 \text{ ------- } 2$$
$$(8\times)\ 1/8 \text{ ------- } 1$$

Daraus schließt er, dass: $19 : 8 = 2 + 1/4 + 1/8$.

Er multipliziert anschließend 7 mit $2 + 1/4 + 1/8$ und erhält: $14 + (1 + 1/2 + 1/4) + (1/2 + 1/4 + 1/8) = 16 + 1/2 + 1/8$ oder $16 + 5/8$ oder 16,625.

SENET – EIN URALTES SPIEL

Senet ist eines der ältesten bekannten Spiele, das nachweislich bereits im alten Ägypten gespielt wurde. Verschiedene archäologische Funde, die sowohl in den Pharaonengräbern als auch in den Gräbern des Volkes gefunden wurden, beweisen dies. Dazu gehören Bilder und Mosaike, die Personen beim Spiel zeigen. Die genauen Regeln des Spiels sind allerdings unbekannt, obwohl T. Kendall und R. May im Jahr 1991 eine Rekonstruktion anfertigten. Das Paar entdeckte auch, dass Senet eine wichtige Rolle bei Begräbnisritualen spielte, wobei die Verstorbenen das Spiel gegen ihr Schicksal in Anwesenheit des Gottes Osiris spielen mussten. Im ägyptischen Totenbuch wird angedeutet, dass das Leben des Verstorbenen im Jenseits vom Ergebnis dieses Spiels abhängig war. Senet wurde von zwei Spielern gespielt. Ziel des Spiels war es, als Erster mit allen verbliebenen Figuren in einem der letzten Häuser anzukommen. Die anstelle eines vierkantigen Würfels verwendeten vier Zählknochen waren plättchenförmig und besaßen auf jeder Seite eine unterschiedliche Anzahl an Zählstrichen. Sie wurden gleichzeitig geworfen, sodass je nachdem, wie viele Zählknochen auf der flachen Seite landeten, fünf mögliche Ergebnisse erzielt wurden.

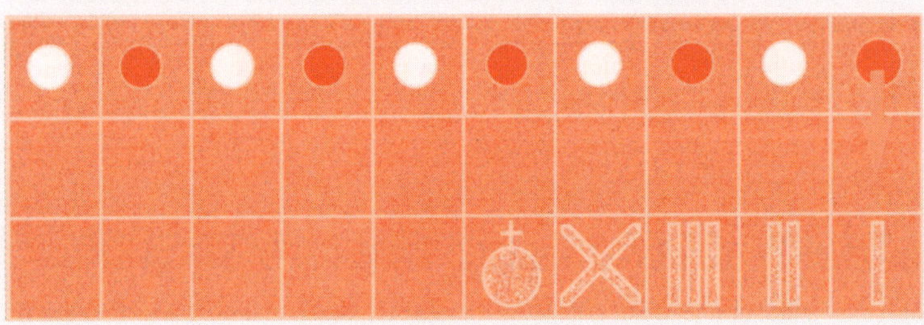

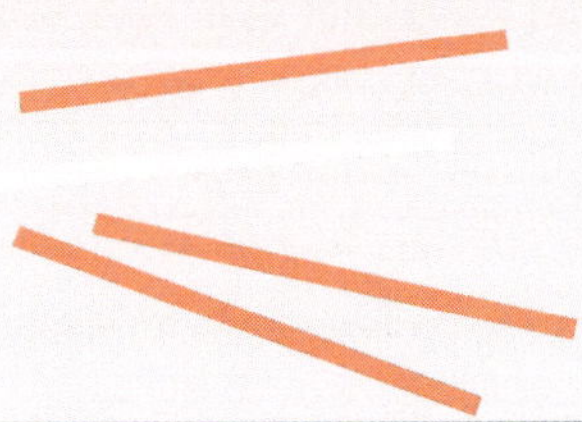

Ein Senet-Brett, das den ersten Zug zeigt. Daneben sind die Zählknochen zu sehen, die anstelle eines Würfels verwendet wurden.

DAS KÖNIGLICHE SPIEL VON UR – MEHR ALS 4.000 JAHRE GESCHICHTE

Zusammen mit dem ägyptischen Spiel Senet zählt das Königliche Spiel von Ur zu den ältesten bekannten Brettspielen. Ein kunstvoll verziertes Brett wurde im Jahr 1920 vom britischen Architekt Sir Leonard Wooley in der sumerischen Stadt Ur entdeckt. Es ist über 4.000 Jahre alt und wird heute im British Museum in London aufbewahrt. Es wird davon ausgegangen, dass das Spiel von den Mitgliedern der Königsfamilie und dem Adel gespielt wurde, und die Tatsache, dass es in Grabstätten gefunden wurde, legt nahe, dass es den Verstorbenen begleiten sollte, sodass er es auch im Jenseits spielen konnte.

Wie bei Senet sind die Regeln unbekannt, obwohl aufgrund der archäologischen Funde – neben dem Brett wurden sieben weiße Perlmuttfiguren und sieben schwarze Schieferfiguren sowie sechs Würfel in Form dreieckiger Pyramiden gefunden – angenommen wird, dass es sich um ein Wettrennen handelte. Die seltsame Form des Bretts – 20 Felder bestehend aus einem Rechteck mit 3 x 2 und einem mit 4 x 3 Feldern, die durch ein Rechteck mit 1 x 2 Feldern verbunden sind – weisen auf den Weg hin, den die Kontrahenten nehmen konnten.

Brett des Königlichen Spiels von Ur mit dem möglichen ersten Zug der Spieler.

Der Leser kann zwei Eigenschaften der ägyptischen Mathematik beobachten: Die Verwendung von Addition und von Brüchen. Um die Division durchzuführen, findet der Gelehrte Ahmes drei Zweierpotenzen, die 19 ergeben (16, 2 und 1) und nimmt jeweils den achten Teil davon, 2, 1/4, 1/8 und addiert diese Werte.

Für Berechnungen mit Brüchen hat der Schriftgelehrte ausschließlich Stammbrüche verwendet, d. h. Brüche, die eine 1 im Zähler haben. Diese seltsame von den Ägyptern entwickelte Arithmetik, die auf der Addition von Stammbrüchen basiert, wurde zu verschiedenen Zeiten von einigen namhaften Mathematikern untersucht: Zu ihnen gehören der Italiener Leonardo da Pisa, besser bekannt als Fibonacci (1175–1250), einer der großen Mathematiker des Mittelalters und der erste, der die Brauchbarkeit der ägyptischen Methode nachwies; der Engländer James Joseph Sylvester (1814–1897), der neue Methoden entdeckte, um einen Bruch auf der Grundlage der Summe von Stammbrüchen auszudrücken; sowie der Ungar Paul Erdös (1913–1996), einer der erfolgreichsten Mathematiker des 20. Jahrhunderts, der sich besonders für die Zahlentheorie interessierte und einige ungelöste Fragestellungen in Bezug auf die – auch Ägyptische Brüche genannten – Stammbrüche beantworten konnte.

Spiele und Mathematik im Mittelalter

In dieser kurzen Übersicht über die Beziehung zwischen Mathematik und Spielen können nur einige der interessantesten Momente der Geschichte hervorgehoben werden. Machen wir den Sprung von der Antike ins 13. Jahrhundert und betrachten wir einige Höhepunkte aus dieser Zeit. Fibonaccis Werk *Liber Abaci* von 1202 führte das Dezimalsystem in die westliche Welt ein. Sein Buch enthält die bekannte Fibonacci-Folge, eine unendliche Folge natürlicher Zahlen in folgender interessanter Reihenfolge: 1, 1, 2, 3, 5, 8, 13, 21, 34…, mit der er das Wachstum einer Kaninchenpopulation beschrieb. Die Regel für diese Folge ist sehr einfach: Nach den ersten beiden Zahlen, die beide 1 sind, ist jede weitere Zahl die Summe der beiden vorhergehenden Zahlen. Die Folge verfügt allerdings über einige faszinierende Eigenschaften, wie ihre Verbindung zum Goldenen Schnitt ($\Phi = (1+\sqrt{5})/2$), der Grenzwert der Folge a_n / a_{n-1}, wenn a gegen unendlich geht und a_n eine Zahl aus der Fibonacci-Folge ist.

In einer seiner wichtigsten Arbeiten, dem *Liber Quadratorum* von 1225, kommentierte Fibonacci einen mathematischen Wettstreit am Hofe des römisch-deutschen Kaisers Friedrich II., der auch König von Sizilien war. Der Gelehrte aus Pisa hatte sich in diesen Wettstreit eingemischt und dabei den Mathematiker Giovanni da Palermo besiegt. In diesen Wettbewerben, die rein intellektueller Natur waren, warfen die Kandidaten eine Reihe von Fragestellungen für ihre Kontrahenten auf, um zu sehen, wer die meisten Fragen innerhalb der kürzesten Zeit beantworten konnte. Die einzige Bedingung war, dass derjenige, der eine Frage stellte, diese auch beantworten können musste. Eine der von Fibonacci beschriebenen Fragestellungen lautete folgendermaßen: Finde eine Zahl, bei der die Addition oder Subtraktion von 5 zu ihrer Quadratzahl in beiden Fällen eine Quadratzahl ergibt. Eigenartigerweise ist das Jahr 1225, in dem das Buch veröffentlicht wurde, eine perfekte Quadratzahl (die vorherige ist 1156 und die folgende 1296), das einzige Quadratjahr in Fibonaccis Lebenszeit.

Im selben Jahrhundert wie Fibonacci lebte der arabische Gelehrte Ibn Challikān, der im Jahr 1256 als Erster die Weizenkornlegende von der Erfindung des Schachspiels erzählte. Laut dieser gelang es dem weisen Brahmanen Sissa, dem Erfinder des Schachspiels, König Shirham so zu unterhalten, dass ihm der König einen freien Wunsch gewährte. Sissa wünschte sich Weizenkörner, und zwar ein Weizenkorn für das erste Feld auf dem Schachbrett, zwei Weizenkörner für das zweite Feld, vier Weizenkörner für das dritte Feld, acht Weizenkörner für das vierte Feld usw. Mit jedem Feld verdoppelte sich die Zahl der Weizenkörner bis zum 64. Feld. Der König lachte über die vermeintliche Bescheidenheit des Brahmanen, bis ihm bewusst wurde, dass er dessen Wunsch niemals erfüllen konnte. Tatsächlich $2^0 + 2^1 + \ldots + 2^{62} + 2^{63} = 2^{64} - 1 = 18.466.744.073.709.551.615$ und damit mehr als 18 Trillionen Weizenkörner, mehr als die weltweite Jahresproduktion an Weizen.

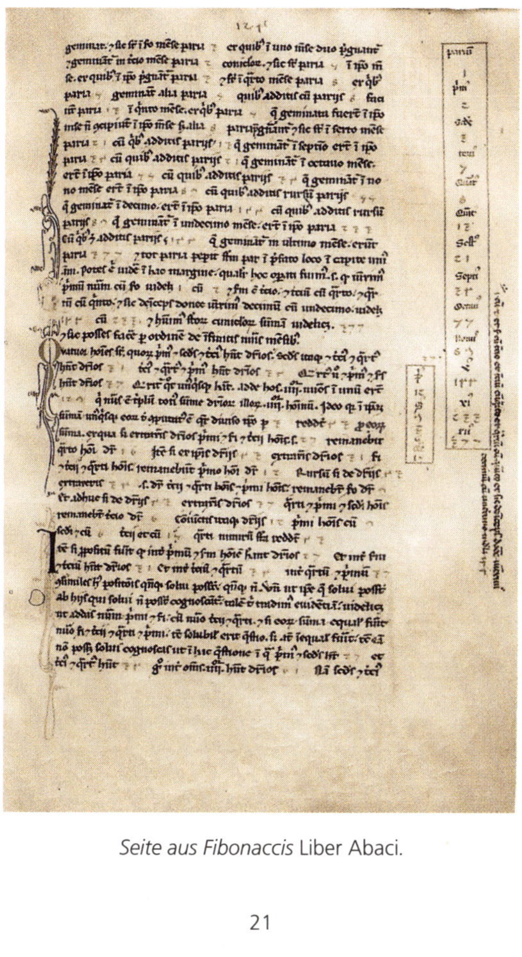

Seite aus Fibonaccis Liber Abaci.

Ebenfalls im 13. Jahrhundert, genauer gesagt im Jahr 1283, erschien das *Buch der Spiele*, das der spanische König Alfons X., genannt der Weise, in Auftrag gegeben hatte. Obwohl das Buch mehr von Spielen als von mathematischen Aspekten handelt, ist die Analyse der Spiele interessant, da sie eine Vorstellung von der Art der Spiele vermittelt (sowohl Glücks- als auch Strategiespiele), die zu dieser Zeit gespielt wurden, und der damalige Wissensstand in den vorgeschlagenen Gewinnstrategien zum Ausdruck kommt. Neben dem Schachspiel und den verschiedenen Glücksspielen beschreibt das Buch *Alquerque*, das älteste bekannte Strategiespiel, also ein Spiel ohne Zufallskomponente.

DAS BUCH DER SPIELE VON ALFONS X. DEM WEISEN

Im Jahr 1283 gab König Alfons X. von Kastilien, genannt der Weise, einen Text in Auftrag, der als das *Buch der Spiele* bekannt wurde und auch als *Book of Chess, Dice and Tables* bezeichnet wird. Das Buch besteht aus 98 Seiten mit 150 Farbillustrationen und behandelt die wichtigsten Tischspiele seiner Zeit, einschließlich Schach, Alquerque, Würfelspielen und Brettspielen, eine Spielefamilie, zu der auch Backgammon gehört.
Die einzige Originalabschrift, die gerettet werden konnte, befindet sich in der Bibliothek des Klosters El Escorial. Das Buch – das älteste über Spiele in der westlichen Welt – ist von enormem Wert, sowohl was seinen Inhalt betrifft, der uns Einblick in die Spiele gewährt, die vor ungefähr 800 Jahren auf der iberischen Halbinsel gespielt wurden, als auch hinsichtlich seiner herausragenden Illustrationen.

Eine Illustration aus dem Buch der Spiele von Alfons X. dem Weisen, die das Spiel Alquerque zeigt.

ALQUERQUE – EIN ANTIKES STRATEGIESPIEL

Alquerque, ein Spiel für zwei Spieler, ist im von Alfons dem Weisen herausgegeben *Buch der Spiele* beschrieben. Es wird auf einem quadratischen Brett mit 5 x 5 Punkten und 12 Spielsteinen für jeden Spieler gespielt. Die Steine werden so aufgestellt, dass der Punkt in der Mitte frei bleibt. Ziel des Spiels ist es, die Spielsteine des Gegners vom Brett zu schlagen. Die Art und Weise, in der die gegnerischen Spielsteine geschlagen werden, zeigt deutlich, dass dieses Spiel der Vorläufer des Damespiels ist. Die älteste schriftliche Quelle, die dieses Spiel unter dem Namen *Al-Quirkat* erwähnt, datiert zurück auf ein arabisches Manuskript aus dem 10. Jahrhundert, das *Kitab al-Aghani*. Das führte zu der Annahme, dass das Spiel von den Mauren auf die iberische Halbinsel gebracht wurde. Andere Beweise lassen jedoch vermuten, dass es noch wesentlich älter ist. So wurden viel ältere Spielbretter gefunden, von denen einige in den Boden archäologischer Stätten geritzt sind und wahrscheinlich zu Übungszwecken genutzt wurden. Von Marokko bis Indien existieren verschiedenste Spielvariationen, die dieselbe Brettanordnung verwenden, ebenso finden sich Bretter mit ähnlicher Anordnung in Indien und Sri Lanka sowie viele andere Spiele, die dem Damespiel vergleichbar sind, wie Fanorona aus Madagaskar oder Awithlaknannai des Zuni-Stammes in Nordamerika.

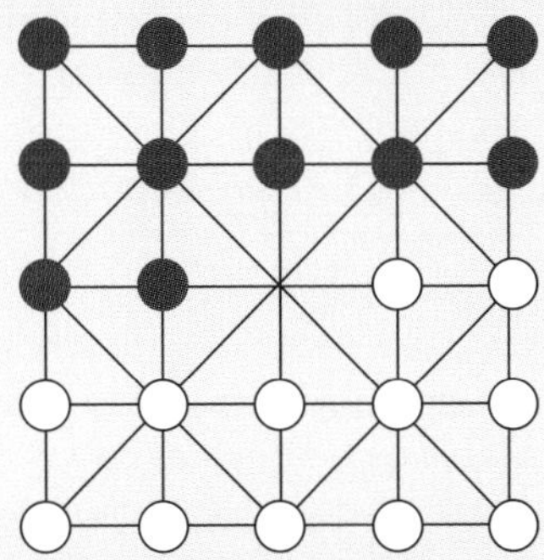

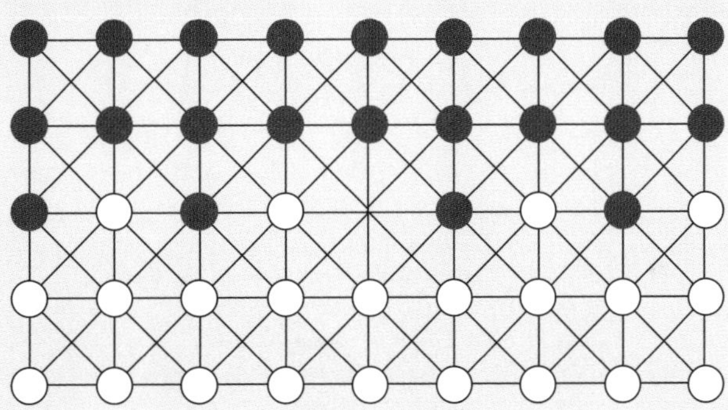

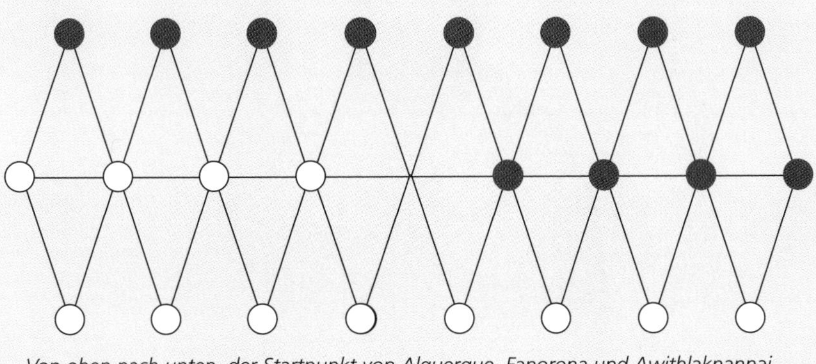

Von oben nach unten, der Startpunkt von Alquerque, Fanorona und Awithlaknannai.

Mathematik und Spiele in der Renaissance

Die Mathematik der Renaissance wird hauptsächlich von einer Gruppe von Mathematikern bestimmt, die als die italienischen Algebraiker bekannt sind, einschließlich Tartaglia, Cardano, Bombelli, Ferrari und Del Ferro, deren hauptsächliche Errungenschaften im Bereich der Algebra liegen, insbesondere in der Lösung von Gleichungen. Im Bereich Mathematik und Spiele stechen zwei Namen besonders hervor: Tartaglia und Cardano. Der autodidaktische Mathematiklehrer Nicolo Fontana (1499–1557), besser bekannt als Tartaglia (ital. für Stotterer), ist für seine Entdeckung einer allgemeinen Methode zur Lösung kubischer Gleichungen bekannt. Zudem war er der Erste, der die Werke von Euklid und Archimedes ins Italienische übersetzte. Sein mathematisches Duell mit Scipione del Ferro im Stil der mittelalterlichen Wettkämpfe – das er gewann, indem er alle vorgegebenen Probleme löste, deren Beantwortung mehrheitlich die Lösung kubischer Gleichungen erforderte – soll der Grund dafür gewesen sein, weshalb ihn Cardano um die Formel für die Lösung der Gleichungen bat. Tartaglia übergab ihm die Formel und Cardano veröffentlichte diese Methode direkt, sehr zum Ärger ihres eigentlichen

Der Titel von Nicolo Tartaglias Quesiti et Inventioni Diverse *(1546).*

GEROLAMO CARDANO (1501–1576)

Als Mediziner, Mathematiker, Astronom, Astrologe und Spieler (nur einige seiner Interessen) war Cardano – neben Tartaglia, Del Ferro, Ferrari und Bombelli u. a. – Teil einer Gruppe von Mathematikern, die einen Beitrag zur Entwicklung der Algebra im Italien des 16. Jahrhunderts leisteten. Die Stationen seines Lebens sind dank seiner Autobiographie *De Vita Propria* bestens bekannt. Im Gegensatz zu vielen seiner Zeitgenossen brachte es Cardano bereits zu Lebzeiten zu einem gewissen Ruhm und Berühmtheit, insbesondere als Mediziner. Als Kind der Renaissance interessierte er sich für viele Dinge und nutzte seinen Verstand bei seinen Versuchen, in allen Bereichen des Wissens Fortschritte zu machen. Gleichzeitig weist sein Werk jedoch an vielen Stellen einen hohen Grad an Naivität, Irrationalität und sogar Aberglauben auf. Infolgedessen ist seine Genialität, obwohl er sich häufig als brillanter Geist entpuppte, sehr widersprüchlich.

Zu seinen wichtigsten Arbeiten in der Mathematik zählt die *Ars Magna* (1545), ein Schlüsselwerk der Algebra in der Renaissance. Zuvor hatte er 1539 ein anderes Buch mit dem Titel *Practica Arithmetica* verfasst. Zudem schrieb er um 1564 eines der ersten Bücher zu Spielen und Mathematik, das *Liber de Ludo Aleae (Buch der Glücksspiele)*, in dem Fragestellungen zur Wahrscheinlichkeit in Würfelspielen behandelt werden und das geniale, wenn auch hin und wieder falsche, Lösungen bietet. Dieser Titel wurde allerdings – gemeinsam mit seinem Gesamtwerk – erst rund 100 Jahre später veröffentlicht. Das Buch gilt als eine der ersten Arbeiten, in denen die Wahrscheinlichkeit diskutiert wird, allerdings hatte es nicht denselben Einfluss wie das Werk von Pascal und Fermat, deren Korrespondenz von vielen als Beginn der Wahrscheinlichkeitstheorie betrachtet wird.

HIERONYMI CAR
DANI, PRÆSTANTISSIMI MATHE
MATICI, PHILOSOPHI, AC MEDICI,
ARTIS MAGNÆ,
SIVE DE REGVLIS ALGEBRAICIS,
Lib.unus. Qui & totius operis de Arithmetica, quod
OPVS PERFECTVM
inscripsit, est in ordine Decimus.

HAbes in hoc libro, studiose Lector, Regulas Algebraicas (Itali, de la Cossa uocant) nouis adinuentionibus, ac demonstrationibus ab Authore ita locupletatas, ut pro pauculis antea uulgò tritis, iam septuaginta euaserint. Neq; solum, ubi unus numerus alteri, aut duo uni, uerum etiam, ubi duo duobus, aut tres uni ęquales fuerint, nodum explicant. Hunc aũt librum ideo seorsim edere placuit, ut hoc abstrusissimo, & planè inexhausto totius Arithmeticæ thesauro in lucem eruto, & quasi in theatro quodam omnibus ad spectandum exposito, Lectores incitarentur, ut reliquos Operis Perfecti libros, qui per Tomos edentur, tanto auidius amplectantur, ac minore fastidio perdiscant.

Titelbild von Gerolamo Cardanos Ars Magna.

Erfinders. Obwohl Tartaglia sich nicht so eingehend mit der Analyse von Glücksspielen beschäftigte wie Cardano, veröffentlichte er mit *Quesiti et Inventioni Diverse* (1546) ein Buch, in dem Rätsel und Probleme enthalten sind, von denen einige bis heute bekannt sind, beispielsweise:

> Ein Mann hat 17 Pferde und hinterlässt sie seinen drei Söhnen im Verhältnis 1/2, 1/3 und 1/9. Wie werden die Pferde aufgeteilt?
>
> Ein Mann hat drei Fasane und möchte diese so unter zwei Elternteilen und zwei Kindern aufteilen, dass alle einen Fasan erhalten. Wie ist dies möglich?

Doch zweifellos ist es Cardano, der zu den ersten Mathematikern gehörte, die versuchten, Glücksspiele mit einem bestimmten Grad an Formalität zu analysieren, und der wahrscheinlich der brillanteste und vielseitigste Mathematiker seiner Zeit war. Leider wurde sein Werk über Spiele erst 100 Jahre nach seiner Niederschrift veröffentlicht, sodass es nicht den Einfluss hatte, der ihm gebührt hätte. Auf den ersten Blick war es das erste Buch, das sich mit einem sogenannten „Teilungsproblem" beschäftigte, wobei die auf den Punkten der einzelnen Spieler und nicht auf der Wahrscheinlichkeit, mit der jeder Spieler gewinnt, beruhende Lösung falsch ist. Das war eines der Probleme, mit denen sich Pascal und Fermat in ihrer Korrespondenz beschäftigten. Es wird im dritten Kapitel dieses Buches behandelt.

Neben den italienischen Algebraikern muss auch der französische Mathematiker Nicolas Chuquet als Verfasser von *Triparty en la Science des Nombres* (1484) erwähnt werden, in dem Denksportaufgaben und das erste der sogenannten „Dekantierprobleme" enthalten sind, von denen eines folgendermaßen lautet:

> Sie haben zwei Krüge, einen Krug mit einem Fassungsvermögen von 3 Litern und einen anderen mit einem Fassungsvermögen von 5 Litern. Wie kann der größere Krug durch Umgießen mit genau 4 Litern gefüllt werden, wenn wir wissen, dass keiner der Krüge eine Markierung hat, an der wir den Füllstand ablesen können, mit Ausnahme des Füllstandes, wenn die Krüge voll sind.

Nicht zuletzt sollte auch der walisische Mathematiker Robert Recorde (1510–1558) erwähnt werden. Auch er interessierte sich für die verschiedensten wissenschaftlichen Disziplinen, u. a. Astronomie und Medizin. Recorde ist bekannt für sein Werk *The Whetstone of Witte* (1557), in dem zum ersten Mal das Gleichheitszeichen (=) verwendet wurde, wobei Recorde bemerkte, dass nichts gleicher sei als zwei parallele Linien. Obwohl wir uns die Algebra ohne dieses Gleichheitszeichen heute kaum vorstellen können, sollte es noch lange dauern, bis es allgemeine Anerkennung fand, und bis ins 18. Jahrhundert existierte es neben anderen Symbolen wie *AE* (die ersten beiden Buchstaben des Wortes *aequo*, das „gleich" bedeutet). Das Werk enthält auch Denksportaufgaben, die in der Regel durch die Verwendung der Algebra gelöst wurden.

Mathematische Spiele vom 17. Jahrhundert bis heute

Wie wir gesehen haben, existieren spielerische und ernsthafte Mathematik seit der Begründung dieser Wissenschaft nebeneinander, aber erst im 17. Jahrhundert hat sich das Aufkommen mathematischer Rätsel zu einer unabhängigen Disziplin entwickelt. Wie oben bereits erwähnt, wurde die erste umfassende Studie, die sich ausschließlich mit der Unterhaltungsmathematik beschäftigt, *Problèmes Plaisants et Délectables qui se Font par les Nombres* von Claude-Gaspar Bachet de Méziriac (1581–1638), im Jahr 1612 veröffentlicht. Der Mathematiker, Dichter, Übersetzer und eines der ersten Mitglieder der Académie Française ist ebenfalls bekannt für sein Buch der Rätsel und seine

DIOPHANTI
ALEXANDRINI
ARITHMETICORVM
LIBRI SEX.
ET DE NVMERIS MVLTANGVLIS
LIBER VNVS.
Nunc primùm Græcè & Latinè editi, atque absolutissimis Commentariis illustrati.
AVCTORE CLAVDIO GASPARE BACHETO MEZIRIACO SEBVSIANO, V.C.

LVTETIAE PARISIORVM,
Sumptibus SEBASTIANI CRAMOISY, via Iacobæa, sub Ciconiis.
M. DC. XXI.
CVM PRIVILEGIO REGIS.

Der Titel der lateinischen Ausgabe von Diophantus Arithmetica *mit Kommentaren von Bachet de Méziriac.*

kommentierte lateinische Version von Diophantus *Arithmetica* (1621), die ursprünglich in griechischer Sprache verfasst war. Fermat schrieb seine berühmte Hypothese an den Rand einer Ausgabe dieses Buches, wie wir in Kapitel 3 noch sehen werden.

Der Aufstieg mathematischer Rätsel: 17. und 18. Jahrhundert

Das Werk von Bachet de Méziriac ist ein Kompendium der mathematischen Rätsel seiner Zeit, einschließlich bekannter Rätsel, wie das Problem von Wolf, Ziege und Kohlkopf, magische Quadrate, Rätsel mit ganzen Zahlen und gewichtbasierte Rätsel, wie das Folgende: Finde die Mindestanzahl an Gewichten und ihre betreffenden Werte, um auf einer Balkenwaage mit zwei Waagschalen das Gewicht eines Gegenstandes festzustellen, dessen Wert zwischen 1 und 40 liegt.

Ab diesem Zeitpunkt erschienen im 17. Jahrhundert eine Reihe ähnlicher Arbeiten. Im Jahr 1624 veröffentlichte Henry van Etten – ein Pseudonym, hinter dem sich der französische Jesuit Jean Leurechon verbarg, – mit *Récréations Mathématiques* ein ähnliches Buch wie Bachet, nur erfolgreicher. Es diente als Grundlage nachfolgender Werke, einschließlich der Bücher von Claude Maydorge, die 1630 in Frankreich veröffentlicht und 1633 ins Englische übersetzt wurden, und von Daniel Schwenter, veröffentlicht 1636

Ein Portrait des Mathematikers und Sprachwissenschaftlers Daniel Schwenter.

in Deutschland. Aber das einflussreichste Werk war Ozanams *Récréations Mathématiques et Physique*, das der Mathematiker und Wissenschaftshistoriker Jean É. Montucla im Jahr 1725 überarbeitete und erweiterte.

Aus dem 18. Jahrhundert stammt auch William Hoopers erwähnenswertes Werk *Rational Recreations* (1774). Das Buch enthält das *Fehlende-Quadrat-Rätsel*, ein gutes Beispiel dafür, wie ein scheinbar einfaches Rätsel die Verwendung interessanter mathematischer Eigenschaften erfordern kann.

Obwohl wir hauptsächlich Mathematiker aufgeführt haben, die spezifische Werke der Welt der Spiele und mathematischen Rätsel widmeten, sollte nicht vergessen werden, dass viele andere große Mathematiker aus dieser Zeit Denksportaufgaben gestellt und gelöst haben, die zu den Klassikern dieses Genres gehören: Isaac Newton (1642–1727), Leonhard Euler (1707–1783) und Carl Friedrich Gauss (1777–1855) sind drei der bekanntesten Persönlichkeiten.

In seinem Buch *Arithmetica Universalis*, das im Jahr 1707 in lateinischer Sprache veröffentlicht wurde, führt Newton neben seinen Beiträgen zur Mathematik grundlegende Denksportaufgaben auf. Die wohl bekannteste Aufgabe ist das „Problem der Felder und Kühe". Im Folgenden ist ein Beispiel für ein Wahrscheinlichkeitsproblem mit Bezug auf Glücksspiele aufgeführt: Es werden einige nicht gezinkte Würfel geworfen. Welche der folgenden drei Möglichkeiten ist am wahrscheinlichsten?

a) Es fällt wenigstens eine Sechs, wenn 6 Würfel geworfen werden.
b) Es fallen wenigstens zwei Sechsen, wenn 12 Würfel geworfen werden.
c) Es fallen wenigstens drei Sechsen, wenn 18 Würfel geworfen werden.

Der Leser wird keine Schwierigkeiten haben, das Problem zu lösen, nachdem er die in Kapitel 3 beschriebenen ähnlichen Probleme gelesen und bearbeitet hat.

Euler, einer der wahrscheinlich erfolgreichsten Mathematiker, erfand einige Denksportaufgaben, wie das griechisch-lateinische Quadrat oder Eulersche Quadrat, im Bereich der Kombinatorik. Hierbei handelt es sich um ein quadratisches Schema, in das n Symbole so in die $n \times n$ Felder eingetragen werden müssen, dass jedes Symbol in jeder Zeile und Spalte vorkommt. Dieses Quadrat kann als Vorreiter des gegenwärtig so beliebten Sudoku betrachtet werden. Dennoch ist Eulers wohl berühmteste Fragestellung das „Königsberger Brückenproblem", das im Jahr 1759 in lateinischer Sprache in den Schriften der Berliner Akademie der Wissenschaften veröffentlicht wurde und als Ursprung der Graphentheorie gilt. (Ein Graph ist eine abstrakte Struktur, die eine Menge von Objekten zusammen mit den zwischen diesen Objekten bestehenden Verbindungen repräsentiert. Ein Graph besteht aus Knoten – Objekte – und Kanten – Verbindungen zwischen den Knoten). Die Graphentheorie wird in der Regel bei der Aufstellung und Lösung von Optimierungsproblemen eingesetzt.

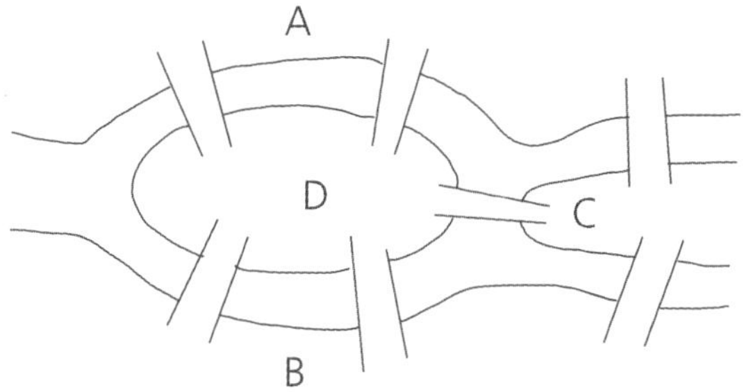

Das „Königsberger Brückenproblem" bestand darin zu klären, ob es einen Weg gibt, bei dem man alle sieben Brücken über den Pregel genau einmal überquert. Euler bewies, dass ein solcher Weg in Königsberg nicht möglich war und entdeckte die Bedingungen, die es erlauben zu bestimmen, ob ein solcher Weg möglich ist oder nicht.

Und schließlich widmete auch Gauss neben seinen großartigen Beiträgen zur Mathematik ein wenig seiner Zeit dem Studium von Denksport aufgaben, einschließlich des schachmathematischen „Damenproblems". Dabei sollen jeweils acht Damen auf einem Schachbrett so aufgestellt werden, dass keine zwei Damen einander gemäß ihren in den Schachregeln definierten Zugmöglichkeiten schlagen können. Im Mittelpunkt steht die Frage nach der Anzahl der möglichen Lösungen. Indem er zunächst eine intuitive Methode benutzte, die anschließend systematisiert wurde, um ein Permutationsproblem zu schaffen, ermittelte Gauss, dass das Damenproblem 92 verschiedene Lösungen kannte.

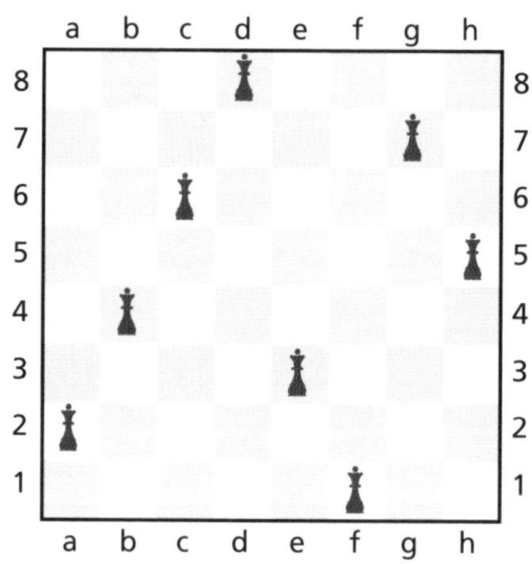

Dieses Brett mit 8 x 8 Feldern zeigt nur eine der vielen Lösungen des „Damenproblems".

FEHLENDES-QUADRAT-RÄTSEL

In diesem Rätsel wird ein acht Einheiten langes Quadrat in zwei Dreiecke und zwei Trapeze geteilt. Die vier Teile werden anschließend verwendet, um ein fünf Einheiten breites und 13 Einheiten langes Rechteck zu bilden. Wenn dies möglich wäre, wäre die Fläche des Quadrats (64 Einheiten^2) genauso groß wie die Fläche des Rechtecks (65 Einheiten^2), was „beweisen" würde, dass 64 genauso groß ist wie 65. Es bleibt dem Leser überlassen, die Unmöglichkeit der „Deckung" des Rechtecks zu entdecken und wo sich das 1 Einheit^2 große „Loch" versteckt.
Auch wenn das Paradox gelöst wird, bleibt es ein mathematisches Wunder. Es ist möglich, bei einer eingehenderen Analyse des Problems weitere Folgerungen zu erkennen. Indem die Längen der verschiedenen Formen betrachtet und der Reihe nach angeordnet werden, erhalten wir die Zahlen 3, 5, 8 und 13 aus der Fibonacci-Folge. Eine der Eigenschaften dieser Folge ist, dass das Quadrat einer Zahl dem Produkt der vorherigen Zahl und der folgenden Zahl plus oder minus 1 entspricht oder: $a_n^2 = a_{n-1} \cdot a_{n+1} + (-1)^{n+1}$.
Dies erklärt, weshalb ein Quadrat, dessen Länge eine Zahl aus der Fibonacci-Folge ist, und ein Rechteck mit Seitenlängen, die die vorherige und folgende Zahl sind, zu diesem paradoxen Problem führen können. Das Paradox wird gelöst und das Rätsel korrekt zusammengesetzt, wenn wir den goldenen Schnitt (Φ) verwenden, der sich wiederholt auf die Fibonacci-Folge bezieht.

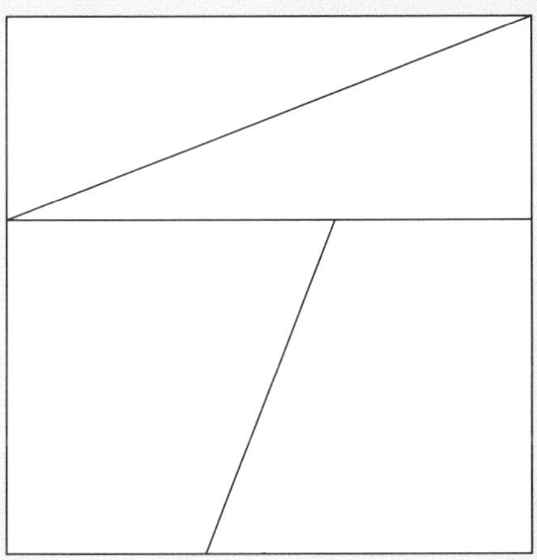

Nehmen Sie ein Quadrat mit der Länge Φ und vier Teilen (siehe oben) und bilden Sie ein Rechteck mit den Längen 1 und $\Phi + 1$. Es ist jetzt möglich zu sehen, dass die Fläche des Quadrats (Φ^2) der Fläche des Rechtecks entspricht, die $1 \cdot (\Phi + 1)$ ist.

Das Fehlendes-Quadrat-Rätsel behauptet, dass ein Quadrat mit zwei Dreiecken und zwei Trapezen innerhalb des Quadrats neu geordnet werden kann, sodass ein Rechteck mit einer Fläche von 1 Quadrateinheit mehr entsteht.

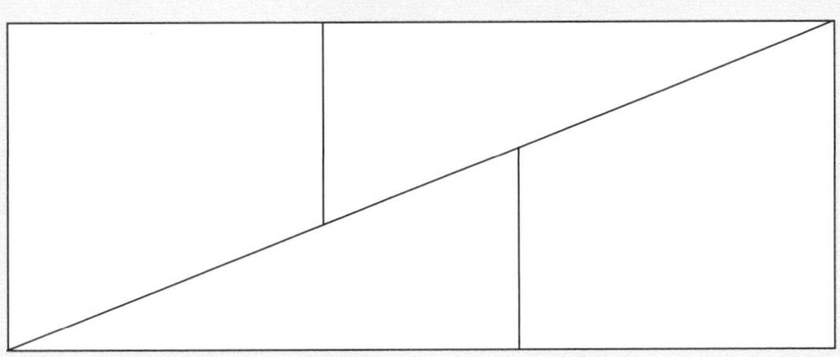

Mathematische Spiele im 19. und 20. Jahrhundert

Spiele und mathematische Rätsel wurden auch im 19. Jahrhundert und der ersten Hälfte des 20. Jahrhunderts weiterentwickelt, was zu einem erheblichen Anstieg des Materials führte. Unter den Verfassern des 19. Jahrhunderts waren James Joseph Sylvester (1814–1897), Lewis Carroll (1832–1898), Édouard Lucas (1842–1891) und Walter W. Rouse Ball (1850–1925). Angesichts dessen, dass es nicht möglich ist, das Werk aller dieser Persönlichkeiten eingehend zu diskutieren, wird im Folgenden auf die relevantesten Aspekte eingegangen, wobei dem Werk von Carroll und Lucas besondere Aufmerksamkeit gewidmet wird.

Der Pastor Charles Ludwig Dodgson, bekannt als Lewis Carroll, Autor von *Alice im Wunderland*, war Mathematiker und Professor der Universität von Oxford. Sein großes Interesse an mathematischen Rätseln veranlasste ihn, eine unvollständige Sammlung von Büchern mit dem Titel *Curiosa Mathematica* zu planen. Das zweite Buch mit dem Titel

Der berühmte Autor von Alice im Wunderland, *Lewis Carroll, erfand auch einige mathematische Spiele.*

Pillow Problems zeigt seinen Einfallsreichtum bei der Lösung von Problemen, wobei ihr Schwierigkeitsgrad von einfachen Scherzen – Ich habe zwei Uhren, eine blieb stehen und die andere geht eine Minute nach, welche zeigt die Zeit am besten an? – bis hin zu komplexeren Fragestellungen reicht: Gegeben sind drei Punkte auf einer unbegrenzten Fläche, mit welcher Wahrscheinlichkeit bilden sie ein stumpfwinkliges Dreieck?

Lewis Carroll war aber nicht nur ein genialer Erfinder mathematischer und logischer Spiele, sondern auch besonders sprachbewandert. In einem Wortspiel mit der Bezeichnung „Wortleiter" sollen zwei vorgegebene Wörter gleicher Länge durch eine Kette von Wörtern verbunden werden, indem in jedem Schritt ein Buchstabe ausgetauscht wird, wobei jedes Zwischenwort eine Bedeutung haben muss. So kann man etwa HALM in KORN ändern mithilfe der folgenden Kette: HALM – HALT – HART – HORT – HORN – KORN.

Der wohl wichtigste Analyst von Spielen und mathematischen Rätseln zu dieser Zeit war der französische Mathematiker Édouard Lucas, der sich auf die Zahlentheorie spezialisierte. Sein hervorragendes Kompendium *Récréations Mathématiques* enthält 35 Arbeiten, von denen sich einige auf die mathematische Analyse von Spielen beziehen und andere auf Rätsel. Unter den von Lucas erfundenen Originalspielen ist das als „Türme von Hanoi" bekannte Knobel- und Geduldsspiel, welches der Verfasser bei seiner Veröffentlichung im Jahr 1883, um Zweifel bezüglich seines Ursprungs zu streuen, Claus zuschrieb, einem alten chinesischen Lehrer aus einer Schule mit dem Namen Li-Sou-Stain. Auffällig ist dabei, dass Claus ein Anagramm von Lucas ist und Li-Sou-Stain von Saint Louis, der Schule, in der Lucas Mathematik lehrte.

Eines der letzten mathematischen Rätselbücher des 19. Jahrhunderts ist Walter W. Rouse Balls *Mathematical Recreations and Essays* (1892), das mit mehr als zwölf Auflagen, von denen eine 1938 von Harold Scott Coexter, einem auf die Geometrie spezialisierten Mathematiker, überarbeitet und aktualisiert wurde, zu einem der einflussreichsten Bücher über Unterhaltungsmathematik im 20. Jahrhundert wurde.

Türme von Hanoi. Versetze den Scheibenstapel von A nach C in Einzelzügen, wobei niemals eine größere Scheibe auf eine kleinere gelegt werden darf.

JEUX MILITAIRE

Eines der von Édouard Lucas im dritten Buch seiner mathematischen Rätsel analysierten Spiele heißt „Fuchs und Gans". Dieses Rätsel zählt zur Gruppe der Fang- oder Jagdspiele und war von der Tudorzeit bis zur viktorianischen Zeit in England besonders beliebt, hat seinen Ursprung allerdings im Frankreich des 15. Jahrhunderts.

„*Jeux militaire*" ist ein ähnliches Jagdspiel für zwei Spieler ohne Zufallskomponente, das im 19. Jahrhundert innerhalb der französischen Militärkreise besonders beliebt war. Ein Spieler hat drei weiße Spielsteine und der andere, der das Spiel eröffnet, hat nur einen schwarzen Spielstein. Die Spielsteine werden auf ein Brett mit elf Quadraten gesetzt (Anfangsposition siehe Abbildungen unten). Das Ziel der weißen Spielsteine besteht darin, den schwarzen Spielstein zu umzingeln, der zu entkommen versucht. Jeder Spielstein zieht entlang der Linien auf dem Spielbrett auf ein benachbartes freies Feld. Während der schwarze Spielstein in jede Richtung ziehen kann, können die weißen Spielsteine nicht rückwärts ziehen.

Dieses scheinbar einfache Spiel ist besonders raffiniert und obwohl es anfangs so aussieht, als ob der schwarze Spielstein immer entkommen könnte, zeigt die umfassende Analyse von Lucas, dass es eine Gewinnstrategie für die weißen Spielsteine gibt, die immer wenigstens einen Zug haben, um die Flucht des schwarzen Spielsteins zu verhindern. Die Analyse dieses Spiels zeigt, dass maximal zwölf Züge erforderlich sind, wobei das Spiel gleichzeitig auf 16 unterschiedliche Partien reduziert ist. Es scheint unmöglich, dass ein derart eingeschränktes Spiel eine solche Präzision vom Spieler mit den weißen Spielsteinen verlangt, wobei dieser immer gewinnen kann, wenn er die richtige Strategie findet.

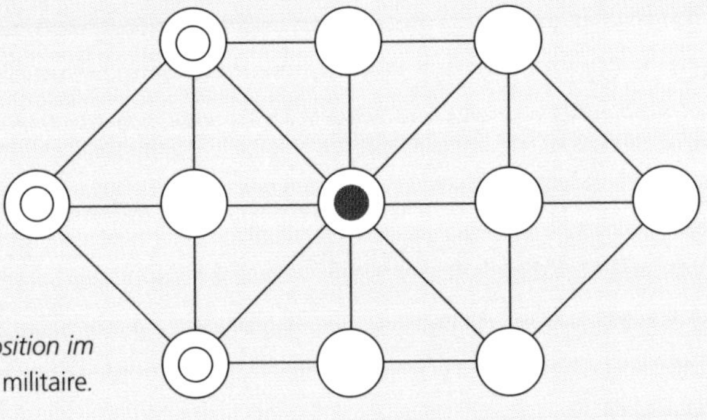

Anfangsposition im Jeux militaire.

Der Übergang zwischen dem 19. und 20. Jahrhundert wird vom Werk von zwei der erfolgreichsten Autoren aller Zeiten im Bereich der mathematischen Rätsel gekennzeichnet, dem Engländer Henry E. Dudeney (1857–1930) und dem Amerikaner Sam Loyd (1841–1911). Viele Rätsel, die in der Gesellschaft bis zum heutigen Tag beliebt sind, sind in den immensen Werken dieser beiden großen Autoren versammelt.

Neben anderen Werken ist Henry E. Dudeney der Verfasser von *The Canterbury Puzzles* (1907) und *Amusements and Mathematics* (1917), das eine der besten und vielseitigsten Sammlungen mathematischer Rätsel in der Geschichte beinhaltet.

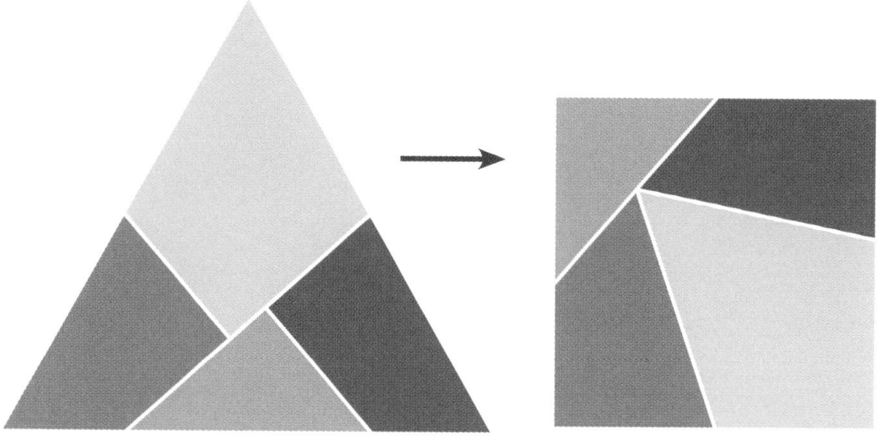

Henry E. Dudeneys Haberdasher-Puzzle löst das Problem, wie man ein gleichseitiges Dreieck in vier Teile zerschneiden und diese zu einem Quadrat zusammensetzen kann.

Dudeneys umfangreiche Rätselsammlung umfasst Kryptogramme, Operationen, bei denen Zahlen durch Buchstaben angegeben sind und in denen jeder Buchstabe auf eine solche Weise durch eine Zahl ersetzt werden kann, dass dieselben Buchstaben dieselbe Zahl haben und andere Buchstaben eine andere Zahl. Das berühmteste Kryptogramm erschien in einem Brief von Dudeney an seinen Vater, in dem er ihn mit der folgenden Summe um Geld bat: SEND + MORE = MONEY. Der Leser muss jedem Buchstaben eine Zahl zuordnen, sodass die angegebene Summe korrekt ist (die einzige Lösung dieses Kryptogramms lautet: 9.567 + 1.085 = 10.652). Samuel Loyd veröffentlichte eine große Zahl seiner Rätsel in den Magazinen seiner Zeit. Sein Sohn Sam Loyd Jr. fasste dann wenige Jahre nach dem Tod des Vaters im Jahr 1914 viele seiner Werke unter dem Titel *Sam Loyd's Cyclopaedia of 5,000 Puzzles, Tricks and Conundrums* zusammen. Von Loyd stammt z. B. das berühmte Rätsel, in dem neun Punkte in Form eines 3 x 3-Gitters miteinander verbunden werden müssen, indem man vier gerade Segmente einzeichnet, ohne den Stift anzuheben (dasselbe für 16 Punkte in einem 4 x 4-Gitter mit sechs Segmenten). Zudem finden sich in seinem Buch zahlreiche Strukturen, die mit bestimmten Zahlen belegt werden müssen, um bestimmte Bedingungen zu erfüllen. Beispielsweise: Positionieren Sie die Zahlen eins bis acht auf den Eckpunkten eines Würfels auf eine solche Weise, dass die Summe der vier Eckpunkte jeder Seite gleich ist.

Eine Seite aus Sam Loyd's Cyclopaedia of 5,000 Puzzles, Tricks and Conundrums.

Die von Dudeney und Loyd begründete Tradition zog sich durch das gesamte 20. Jahrhundert. Zu den wichtigen Autoren aus der ersten Hälfte des 20. Jahrhunderts zählt auch Maurice Kraitchik (1882–1957), der verschiedene Bücher über Spiele verfasste und Herausgeber der belgischen Zeitschrift *Sphinx* war. Nach dem Zweiten Weltkrieg wurde das Feld über viele Jahre von einem anderen großen Erfinder und Sammler von Rätseln dominiert: Martin Gardner (1914–2010), der über einen Zeitraum von 25 Jahren eine unermessliche Zahl von Artikeln für die berühmte Wissenschaftszeitschrift *Scientific American* verfasste. Bis kurz vor seinem Tod arbeitete Gardner an seinem Gesamtwerk, das insgesamt mehr als 70 Bücher umfasst, einschließlich *Origami, Eleusis and the Soma Cube* aus dem Jahr 2008. Neben seinen eigenen Erfindungen veröffentlichte er einige der interessantesten und innovativsten Rätsel anderer Autoren, wie John Conways *Spiel des Lebens* (1970) und Robert Abbotts *Eleusis* (1956).

Andere bedeutende Autoren des 20. Jahrhunderts waren Yakov Perelman, der wichtigste Vertreter der sogenannten Russischen Schule, der Franzose Pierre Berloquin und die Engländer Ian Stewart, Brian Bolt und David Wells, die alle mehrere Bücher geschrieben und ihre Arbeiten in verschiedenen Zeitschriften veröffentlicht haben. Auch einige spanische Autoren sind erwähnenswert, die wie die vorgenannten Autoren versucht haben, die Mathematik dem gemeinen Volk näher zu bringen, insbesondere durch

ELEUSIS, ROBERT ABBOTTS SPIEL DER SPIELE

Eleusis ist kein gewöhnliches Spiel, denn sein Ziel besteht darin, die von jedem der Spieler geschaffene Regel zu erraten, die von Spiel zu Spiel unterschiedlich ist. Das Spiel ist für vier bis acht Spieler und wird mit drei Kartenspielen und einigen Spielsteinen gespielt. Es gibt genauso viele Spielrunden wie Spieler. In jeder Runde teilt ein anderer Spieler die Karten aus (er wird „Gott", der Schöpfer der Regel, genannt). Er teilt 14 Karten an seine Mitspieler aus und legt eine Karte auf den Tisch. Bevor er dies tut, schreibt er eine geheime Regel auf, mit der die Karten in eine Reihenfolge gebracht werden können. Beispiele für sehr einfache Regeln sind Rot-Schwarz oder Gerade-Ungerade, obwohl es eine unbegrenzte Zahl an Regeln gibt: Gerade nach Rot und Ungerade nach Schwarz oder 4 x Gerade mit unterschiedlichen Spielkartenfarben oder 4 x Ungerade mit derselben Spielkartenfarbe.
Der Spieler, der die Regel aufgestellt hat, möchte, dass sie geheim bleibt. Sie sollte allerdings auch nicht zu kompliziert sein, weil die Spieler andernfalls wenige Punkte erzielen. Die anderen Spieler versuchen, die Regel herauszufinden (ohne sie offen auszusprechen), indem reihum eine Reihenfolge „guter" Karten gefunden wird. „Gott" entscheidet, ob eine Karte gut ist und auf den Stapel gelegt werden darf, oder ob sie schlecht ist, in welchem Fall sie unter die letzte gute Karte gelegt und eine Strafe von zwei Karten verhängt wird. Ab der 40. Karte bedeutet das Ausspielen einer schlechten Karte, dass der betreffende Spieler ausgeschlossen wird. Das Spiel endet, wenn ein Spieler alle Karten ausgespielt hat oder alle Spieler ausgeschieden sind.

Die spanische Ausgabe von Robert Abbotts Ten Games That Look Like None Other *enthält alle Informationen über dieses neue Spiel.*

Bücher und Artikel über Spiele und mathematische Unterhaltung. Zu den prominentesten Vertretern zählen Mariano Mataix, Miguel de Guzmán und Fernando Corbalán. Sie alle schufen und sammelten unzählige mathematische Spiele und unterhaltsame Rätsel, die zusammen mit den Werken der bereits erwähnten Autoren eine geradezu unerschöpfliche Quelle darstellen.

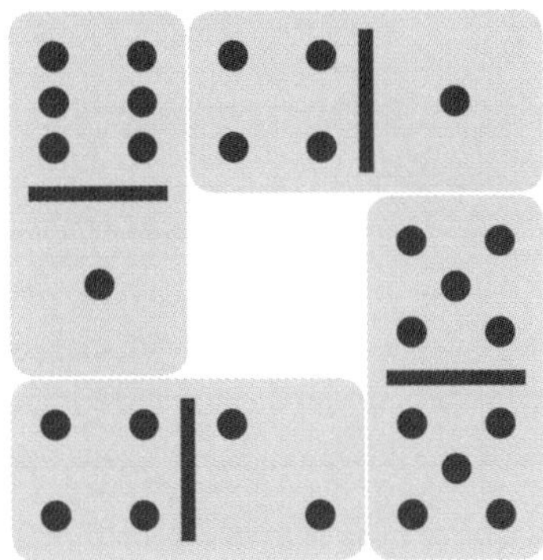

Ein Dominoproblem von Yakov Perelman: Vier Dominosteine wurden zu einem Quadrat zusammengefügt, sodass alle Seiten dieselbe Summe haben. Mit den restlichen Dominosteinen sollen nun sieben Quadrate wie dieses gebildet werden.

Die Entstehung der Spieltheorie

Ein besonders wichtiger Teil dieses Buches, insbesondere die Kapitel 4 und 5, beschäftigt sich mit der Spieltheorie. Diese Entwicklung belegt den mathematischen Ansatz, nach dem früher oder später Konzepte und Modelle aus der Wissenschaft in realen Situationen Anwendung finden, einschließlich derjenigen, die in einem offensichtlich weit entfernten Zweig dieser Disziplin entstehen, wie der Analyse von Spielen.

Ein guter Spieler ist ein Spieler, der bei einem Spielzug die besten Entscheidungen trifft. Die Spielanalyse möchte herausfinden, was die besten Spielzüge sind und, wenn möglich, einen Weg finden, ein Spiel immer zu gewinnen. Das ist theoretisch möglich in Strategiespielen, in denen der Zufall keine Rolle spielt, obwohl in der Praxis die Komplexität einiger Spiele, insbesondere Schach, es unmöglich machen kann, eine endgültige Gewinnstrategie zu finden.

Die Spieltheorie begann mit dem Werk von John von Neumann, insbesondere mit dem gemeinsam mit dem Ökonomen Oskar Morgenstern veröffentlichen Buch *Theory of Games and Economic Behaviour* (1944). Das Buch basiert auf einer Art abstraktem Spiel für zwei oder mehr Spieler, in dem die Gewinne und Verluste jedes Spielers durch die Züge der gesamten Gruppe vorherbestimmt werden. Das bedeutet, dass die Spieler ihre Züge gleichzeitig machen und die Strategie ihrer Kontrahenten nicht kennen. Diese Spiele, die als mathematische Modelle dienen, wurden ursprünglich für die Analyse von

Wettbewerbssituationen im Bereich der Wirtschaftswissenschaften verwendet, und die Autoren beschrieben eine Methode zur Bestimmung der optimalen Strategien für jeden Spieler. Der Erfolg von John von Neumanns sogenanntem „Min-Max"-Theorem und dessen Erweiterungen, die auch die Auswirkungen des Zufalls berücksichtigen – sogenannte „gemischte Strategien" – veranlasste Mathematiker und Ökonomen dazu, die Spieltheorie zur Untersuchung komplexerer Situationen zu verwenden.

Was also mit einer Reihe von Anwendungen im Bereich der Wirtschaftswissenschaften begann, wobei zunächst sehr vereinfachte Modelle benutzt wurden, entwickelte sich in der zweiten Hälfte des 20. Jahrhunderts allmählich weiter. Mit der Einführung von Spielen, in denen der Gewinn eines Spielers nicht unbedingt bedeutete, dass die anderen Spieler verloren hatten, wurde die Idee der Kooperation bzw. die Spannung zwischen Konflikt und Kooperation eingeführt, wodurch Modelle von Spielen entwickelt wurden, die viel näher an der Realität waren, nicht nur im Bereich der Wirtschaftswissenschaften, sondern auch in anderen Bereichen, wie Militärtaktik, Politik, Ökologie und sogar Philosophie. Alle diese scheinbar unzusammenhängenden Disziplinen teilten eine Anforderung für die Entscheidungsfindung in Situationen, die als Spiel konzeptualisiert werden können, obwohl der Begriff *Spiel* hier seinen Aspekt des Spielerischen verliert und sich mehr auf den Risikoaspekt konzentriert. Da die Formulierung dieser Spiele näher an die Realität herankommt und diese Spiele immer komplexer werden, erlauben sie offenere Lösungen, in denen die Mathematik ihr Wissen mit den Ideen aus anderen Bereichen wie Moral, Ethik und Philosophie und schließlich dem Studium menschlichen Verhaltens kombinieren kann.

John von Neumann bei einem seiner Vorträge in der American Philosophical Society, einer Institution, deren Vorstandsmitglied er war.

Einer der Aspekte, der die Spieltheorie – neben ihren Ergebnissen – besonders interessant macht, ist die Art und Weise, in der sie auf verschiedene Bereiche der Sozialwissenschaften angewandt werden kann, in denen der Zufall eine bestimmte Rolle spielt und die verschiedenen Variablen durch das menschliche Verhalten – sowohl von Einzelpersonen als auch von Gruppen – bestimmt werden. Somit führte die Entwicklung der Spieltheorie zur Analyse verschiedener Dilemmas, die sich im Allgemeinen auf die Spannung zwischen Konflikt, Risiko und Kooperation beziehen. Diese können in vielen Situationen angewandt werden und stellen einen wesentlichen Teil der Theorie dar. Zu den bekanntesten der im letzten Kapitel dieses Buchs diskutierten Dilemmas zählen das Gefangenendilemma und das Feiglingsspiel bzw. dessen Ableitung in Bezug auf die Evolution von Spezies, das Falke-Taube-Spiel. In gewissem Sinn zeigen diese Dilemmas einerseits die Schwierigkeit der Quantifizierung menschlichen Verhaltens auf und andererseits die vielen Wege, in denen das gesellschaftliche Chaos mithilfe der Mathematik beschrieben werden kann.

Kapitel 2

Strategiespiele und Problemlösung

Obwohl es nur wenig unterhaltendere Dinge gibt als Scherze, sind sie aufgrund der Herausforderung, die sie an die Genialität und Fähigkeit zur Beweisführung stellen, nicht nur zur Unterhaltung geeignet; wie J.E. Littlewood beobachtet hat, ein guter mathematischer Scherz bietet mehr und bessere Mathematik als ein Dutzend mittelmäßiger Aufsätze.

Martin Gardner

Spiele können auf verschiedenste Weise anhand unterschiedlicher Kriterien klassifiziert werden: der Ort, an dem sie gespielt werden, die Zahl der Spieler, die Länge des Spiels, der Schwierigkeitsgrad usw. In der Mathematik erlaubt uns ein Element, zwei Arten von Spielen zu unterscheiden – der Zufall. Er kann auf verschiedene Weise auftreten, als Teil der Anfangsbedingungen eines Spiels oder bei bestimmten Zügen. In der Mehrzahl der Kartenspiele, beispielsweise, werden die Karten zufällig an die Spieler ausgeteilt. Das gilt auch für das Dominospiel, in dem die Spielsteine nach dem Zufallsprinzip verteilt werden. Im Gegensatz dazu ist die Aufstellung der Spielfiguren auf einem Schachbrett vorgegeben und immer gleich, ebenso wie bei Ludo, Backgammon und Reversi. In Bezug auf die möglichen Züge gibt es viele Spiele, bei denen der Zufall keine Rolle spielt, weil alle Spieler ihre Züge aus einer Reihe von Möglichkeiten frei wählen können.

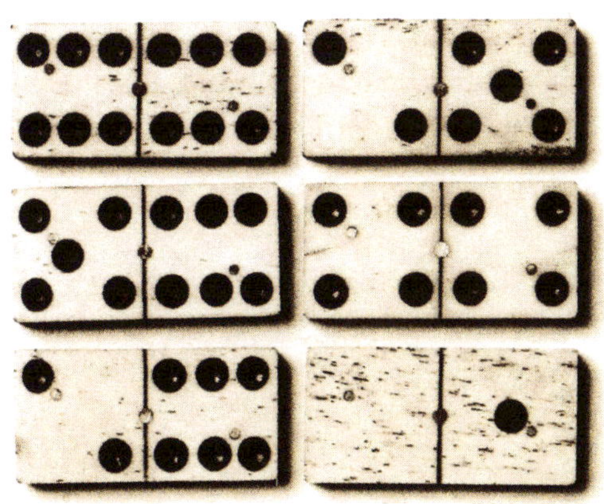

Dominosteine aus dem 19. Jahrhundert. Domino ist nur eines der Spiele, bei dem der Zufall nur bei der Verteilung der Spielsteine eine Rolle spielt. Alles andere liegt in den Fertigkeiten des Spielers.

In anderen Spielen gibt es eine Zufallskomponente, die häufig durch das Werfen eines oder mehrerer Würfel geschaffen wird, wobei der Spieler anhand des gewürfelten Ergebnisses entscheidet, welche Züge er macht.

Der Begriff „Strategiespiel" bezieht sich auf Spiele ohne Zufallskomponente. Sie hängen ausschließlich von der Entscheidung der Spieler bei ihren Zügen ab. Das Fehlen der Zufallskomponente bedeutet, dass diese Spiele analysiert werden können, um eine Gewinnstrategie zu finden. In einigen Fällen ist es möglich, eine komplette Strategie zu bestimmen, während die Komplexität anderer Spiele dies unmöglich macht, auch wenn gezeigt werden könnte, dass eine solche Strategie für einen der Spieler besteht. Trotz der offensichtlichen Verschiedenheit dieser Spiele und ihrer Lösungen werden nur wenige mathematische Techniken und Konzepte bei ihrer Analyse benutzt, die hauptsächlich aus den Bereichen der Arithmetik (Systeme der Nummerierung und Teilbarkeit) und Geometrie (Situationen des Gleichgewichts, größtenteils Symmetrie) stammen.

Das Konzept einer Gewinnstrategie

Obwohl der Begriff „Spiel" sich aus mathematischer Sicht sowohl auf Spiele selbst (Spiele mit mehr als einem Spieler, festgelegten Regeln und einem Ziel, das es ermöglicht zu entscheiden, wer das Spiel gewonnen hat) und Rätsel bezieht, werden wir die Rätsel von nun an beiseitelassen und uns auf Spiele mit zwei oder mehr Spielern konzentrieren. Diese Spiele können auf unterschiedliche Weise klassifiziert werden, aber aus mathematischer Sicht gibt es eine Eingangsklassifikation, die die Unterscheidung von zwei Haupttypen ermöglicht: Spiele ohne Zufallskomponente und Spiele mit Zufallskomponente. In diesem Kapitel wird die erste Gruppe als „Strategiespiele" bezeichnet werden und die zweite Gruppe als „Glücksspiele".

Wenn ein Spiel gespielt wird, dessen Funktionsweisen bekannt sind, stellt sich die Frage, wie das Spiel gespielt werden kann, um jedes Mal zu gewinnen. Bei reinen Glücksspielen (wie dem Leiterspiel) ist die vorstehende Frage absurd, denn die Züge der Kontrahenten hängen von der Zahl auf dem Würfel ab und der Anwendung von Regeln in den Feldern, auf denen sich die Kontrahenten befinden. Es gibt also keine Möglichkeit, Entscheidungen zu treffen, was bedeutet, dass es keine guten oder schlechten Züge gibt. Das Ergebnis eines solchen Spiels ist reine Glückssache, weshalb eine Analyse des Spiels – zur Ermittlung einer Gewinnstrategie – unmöglich ist. In dieser Hinsicht kann gesagt werden, dass das Spiel aus mathematischer Sicht uninteressant ist.

Auf der anderen Seite befinden sich die Spiele mit perfekter Information. Zu jedem beliebigen Zeitpunkt während des Spiels ist es möglich, alle möglichen Züge und deren Folgen (zumindest theoretisch) zu kennen, und es gibt keine Zufallskomponente. In unserer Kultur ist das Spiel, das diese Idee am besten widerspiegelt, das Schachspiel, obwohl viele weitere Strategiespiele bekannt sind, sowohl traditionelle Spiele (Mancala, Dame, Tic Tac Toe usw.) als auch moderne Varianten (Hex, Nim, Reversi, Abalone usw.).

Die Frage nach einer „Gewinnstrategie" stellt sich, wenn man die Auswertung eines dieser Spiele näher untersucht. Hierbei handelt es sich um eine Reihe von Bedingungen, die es einem der Spieler (es gibt normalerweise bei diesen Spielen nur zwei Spieler) erlaubt zu entscheiden, wie er unter Berücksichtigung aller potentiellen Züge des Kontrahenten zu einem gegebenen Zeitpunkt spielen möchte, um in jedem Fall

Chinesische Frauen beim Spiel eines Strategiespiels, Seidenmalerei (750–850 n. Chr.).

zu gewinnen. Das Bestehen einer Gewinnstrategie lässt vermuten, dass das Spiel damit endet, dass einer der Spieler gewinnt, obwohl dies in Spielen, die auch unentschieden ausgehen können, wie Schach, nicht immer der Fall ist. In diesen Fällen besteht die Strategie nicht unbedingt darin, immer zu gewinnen, sondern vielmehr darin, nicht zu verlieren. Wenn ein Strategiespiel nicht mit einem Unentschieden enden kann, kann anhand der Eigenschaften des Spiels bestimmt werden, ob es eine Gewinnstrategie für den ersten oder zweiten Spieler gibt. Dies bedeutet jedoch nicht notwendigerweise, dass diese Strategie auch formuliert werden kann, denn ihre Entdeckung hängt von der Komplexität des Spiels ab.

DIE BIBEL DER GEWINNSTRATEGIEN

Das möglicherweise umfassendste und bedeutendste Buch über Strategiespiele ist das vierbändige *Winning Ways for your Mathematical Plays* (1982), das von vier herausragenden Mathematikern des 20. Jahrhunderts geschrieben wurde: Elwyn Berlekamp (*1940), Professor für Informatik an der Universität von Kalifornien, Berkeley von 1971, John Conway (*1937), der Arbeiten zur endlichen Mengenlehre veröffentlicht hat und Professor an den Universitäten von Cambridge und Princeton ist und zudem der Erfinder des sogenannten „Spiel des Lebens", eines Spiels, das das zelluläre Leben auf einem Computer simuliert, sowie Richard Guy (*1916), emeritierter Professor der Universität von Calgary. Die Eigenschaften der Spiele, die in diesem Kompendium beschrieben sind, lauten folgendermaßen:

1. Spiele für zwei Spieler, die abwechselnd ziehen.
2. Spiele mit Ausgangsposition und einer endlichen Anzahl von Zügen.
3. Spiele mit perfekter Information, bei denen die Spieler zu einem gegebenen Zeitpunkt alle möglichen Züge kennen.
4. Spiele ohne Zufallskomponente zu Beginn oder während des Spiels.
5. Spiele, in denen der Fortschritt des Spiels die Wiederholung von Zügen nicht gestattet und in dem die Züge so festgelegt sind, dass ein Spieler, der nicht mehr ziehen kann, verliert.

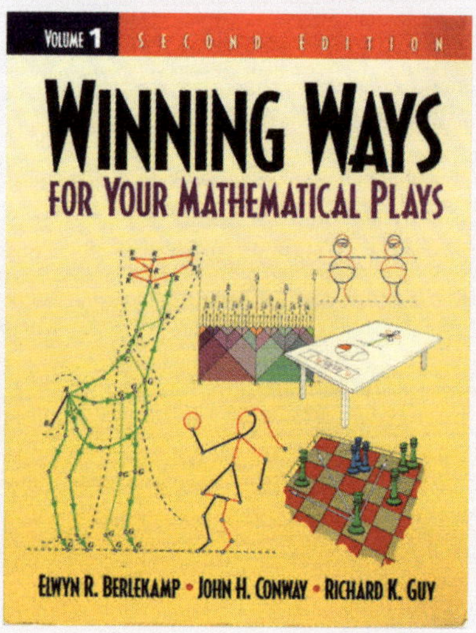

Titelblatt der ersten Ausgabe von Winning Ways for your Mathematical Plays *von Berlekamp, Conway und Guy.*

Gehen wir davon aus, dass ein Spiel für zwei Spieler die folgenden Eigenschaften hat:

1. Es ist ein Spiel mit perfekter Information, bei dem jeder Spieler zu einem gegebenen Zeitpunkt über alle Informationen verfügt, um zu entscheiden, wie er seinen nächsten Zug macht.
2. Die Spieler sind abwechselnd an der Reihe.
3. Es gibt keine Zufallskomponente.
4. Jedes Spiel endet nach einer endlichen Zahl von Zügen, wobei einer der Spieler gewinnt.

Unter den vorstehenden Bedingungen kann gezeigt werden, dass eine Gewinnstrategie für einen der Spieler, entweder den ersten (Spieler A) oder den zweiten (Spieler B), bestehen muss. Nehmen wir an, dass A keine Gewinnstrategie hat, oder mit anderen Worten, dass B immer einen Zug hat, auf den A keine angemessene Antwort finden kann. Das heißt, dass A verlieren und B gewinnen wird, was zu der Annahme führt, dass es eine Gewinnstrategie für B gibt. Obwohl diese Argumentation beinhaltet, dass es bei dieser Art von Spiel immer eine Gewinnstrategie gibt, bedeutet dies nicht, dass diese einfach bestimmt werden kann, sondern nur, dass ihr Auffinden theoretisch möglich ist.

Bei Spielen, die nicht notwendigerweise eine endliche Zahl von Zügen haben, hängt die Erweiterung des Ergebnisses von der Akzeptanz des sogenannten „Auswahlaxioms" ab. Dieses berühmte und kontroverse mathematische Axiom besagt, dass zu jeder (endlichen oder unendlichen) Menge von nichtleeren Mengen ohne gleiche Elemente eine Auswahlfunktion besteht, sodass eine neue Menge gebildet werden kann, indem ein bestimmtes Element aus jeder der nichtleeren Mengen ausgewählt wird. Im Jahr 1930 nutzten Banach, Mazur und Ulam dieses Axiom, um ein nicht endliches Spiel zu entwickeln, und bewiesen, dass es keine Gewinnstrategie für A oder B gab.

Vorteile erkennen, Strategien definieren: Nim-Spiele

Wenn wir zur Klassifizierung von Spielen zurückkehren und uns auf die von uns definierten Strategiespiele konzentrieren, können zwei Typen unterschieden werden – Spiele mit einfachen Eigenschaften und Regeln, mit kurzer Dauer und beschränkter Information, die als „kleine Strategiespiele" bezeichnet werden, und Spiele wie Schach oder Go, bei denen eine vollständige Kontrolle in Bezug auf die Dauer des Spiels, die Komplexität der Regeln und vor allem die hohe Anzahl von Zugmöglichkeiten in einer beliebigen Situation praktisch unmöglich ist. Durch die Untersuchung einiger kleiner Strategiespiele kann gezeigt werden, wie die Mathematik zur Analyse von Spielen benutzt werden kann, um den Spieler herauszufinden, der einen Vorteil hat, und seine Gewinnstrategie zu bestimmen.

Die Beziehung zwischen Spielen und Mathematik kann sich auf verschiedene Aspekte der Spiele beziehen, wie wir im ersten Kapitel gesehen haben. Besonders nütz-

Das Schachspiel, *ein Gemälde der Renaissancemalerin Sofonisba Anguissola aus dem Jahr 1555. Schach ist ein Spiel ohne Zufallskomponente, dessen mögliche Anzahl von Zügen allerdings so hoch ist, dass Mathematiker bis zum heutigen Tag nicht alle möglichen Versionen des Spiels berechnet haben.*

lich ist die Mathematik für die Bestimmung der Gewinnstrategie in Strategiespielen. Ein Strategiespiel ist einem mathematischen Problem und dessen Lösung sehr ähnlich, denn beide verlangen zu wissen, wie man reagieren muss, um erfolgreich zu sein, um zu gewinnen. Gewinnen entspricht somit der Lösung des mathematischen Problems. Als solches verlangt die Bestimmung von Gewinnstrategien die Verwendung von Heuristiken (beispielsweise das Zurückarbeiten vom angenommenen Ergebnis des Spiels, die Anwendung von Symmetrien, die Entwicklung von Analogien mit anderen Spielen, die bereits gelöst wurden usw.), die denen bei der Lösung mathematischer Probleme ähnlich sind. Das bedeutet: Wenn eine Gewinnstrategie für ein Spiel bekannt ist, ist das Spiel kein Spiel mehr, sondern ein gelöstes Problem. Dies geschieht offensichtlich nur bei bestimmten Spielen, bei denen das Spielen schnell über die reine Unterhaltung hinausgeht und in den Bereich durchaus anspruchsvoller mathematischer Theorien eintritt, deren Studium im Folgenden besprochen wird.

Eine kleine Gruppe von Spielen für zwei Spieler, bekannt als Nim-Spiele, besteht darin, eine oder mehr Reihen von Spielsteinen auf dem Tisch zu bilden und die Regeln dafür festzulegen, wie diese wegzunehmen sind. Das Ziel des Spiels besteht entweder darin, den letzten Spielstein wegzunehmen, oder den Kontrahenten dazu zu zwingen, den letzten Spielstein wegzunehmen. Sowohl der Ursprung dieser Art von Spielen, der in Asien vermutet wird, als auch die Etymologie ihrer Bezeichnung sind unbekannt. Neben vielen anderen möglichen Bedeutungen kann das Wort „nim" im Altenglischen mit „stehlen von" oder „rauben" übersetzt werden. Auffällig ist auch, dass mithilfe der Drehsymmetrie aus dem Wort NIM das Wort WIN entsteht. Eine Analyse möglicher Gewinnstrategien für diese Art von Spielen wurde erstmals im Jahr 1902 von C.L. Boston veröffentlicht, einem Mathematiker der Harvard Universität. Was beweist, dass das Spiel mehr als 100 Jahre alt ist.

Eine gewisse Berühmtheit in Europa erlangte es in den 1960er-Jahren durch den Film *Last Year in Marienbad* (1961), in dem der französische Filmemacher Alain Resnais zwei Figuren wiederholt eine Variante dieses Spiels spielen lässt. Dies führte zur in diesem Buch beschriebenen Form, die im Folgenden eingehender beschrieben wird (Spiel 5) und als „Marienbad" bekannt ist, bezeichnet nach dem kleinen Kurort in der Tschechischen Republik, in dem der Film spielt.

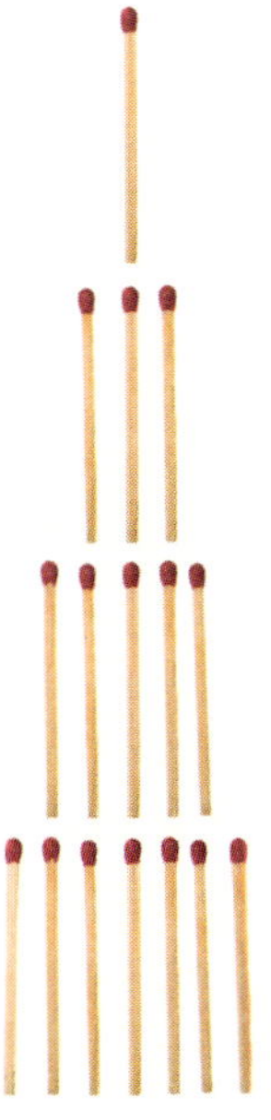

Marienbad ist eine Variante der Nim-Spiele.

Die Entdeckung einer allgemeinen Gewinnstrategie für die Lösung irgendeines Nim-Spiels ist eines der besten Beispiele für die Anwendung der Mathematik in der Spielanalyse, hervorzuheben ist dabei die Effektivität der Darstellung von Zahlen in einem binären System.

Auf dem Weg zur Definition einer Strategie

Im Folgenden beginnen wir mit der Analyse von Spielen mit nur einer Reihe von Spielsteinen, bei denen eine beliebige Zahl von Spielsteinen in nur einem Zug entfernt werden kann, wobei die kleinste Zahl 1 ist und die größte Zahl *n*. Hierzu werden zwei spezifische Fälle aufgeführt und anschließend eine allgemeine Erklärung gegeben. Das einfachste dieser Spiele geht folgendermaßen.

Spiel 1 (zwei Spieler): 20 gewinnt

Es werden 20 Spielsteine derselben Farbe auf den Tisch gelegt und jeder Spieler nimmt reihum einen oder zwei Steine weg. Der Spieler, der den letzten Spielstein wegnimmt, gewinnt das Spiel. Welcher der beiden Spieler, Spieler 1 oder Spieler 2, hat einen Vorteil? Wie können sie sicherstellen, dass sie immer gewinnen? Wenn sich die Zahl der Spielsteine ändert, bleibt es dann gleich? Und was geschieht, wenn sich das Ziel ändert, sodass die Person, die den letzten Spielstein wegnimmt, verliert? Dieses Spiel ist so einfach, dass es komplett analysiert werden kann, wobei die Gewinnstrategie bestimmt und für eine beliebige Zahl von Spielsteinen verallgemeinert wird. Wenn Sie das Spiel nicht kennen, sollten Sie es vor dem Weiterlesen einige Male spielen, um die vorstehenden Fragen zu beantworten.

Jeder Spieler wird schnell entdecken, dass der Spieler, der 3 Spielsteine auf dem Tisch zurücklässt, beim nächsten Zug gewinnen wird. Das ist gut zu wissen, macht es aber nicht möglich zu gewinnen, weil wir zuerst wissen müssen, wie wir nur 3 Spielsteine auf dem Tisch lassen. Jetzt wissen wir, dass der Spieler, der den 17. Spielstein wegnimmt, gewinnen wird, was bedeutet, dass die Zahl der Spielsteine verringert wurde. Wenn man sich zurückarbeitet, kann festgestellt werden, dass wenn 6 Spielsteine auf dem Tisch zurückbleiben, ebenfalls gewonnen wird, sodass im Allgemeinen gilt, dass wenn ein Spieler ein Vielfaches von 3 Spielsteinen auf dem Tisch zurücklässt, er das Spiel immer gewinnt. Dies ermöglicht die Definition einer Gewinnstrategie: Wenn bei Spielbeginn 20 Spielsteine auf dem Tisch liegen, kann Spieler 1 immer gewinnen, wenn er beim ersten Zug zwei Spielsteine entfernt und anschließend immer ein Vielfaches von 3 Spielsteinen auf dem Tisch zurücklässt (wenn Spieler 2 einen Stein wegnimmt, nimmt Spieler 1 zwei

Steine weg und umgekehrt). In diesem Spiel hat also Spieler 1 einen Vorteil, denn die Gewinnstrategie steht diesem Spieler immer zur Verfügung.

Die Änderung der anfänglichen Zahl der Spielsteine beeinflusst die Strategie und von ihr hängt auch ab, welcher Spieler im Vorteil ist. Wenn die Gewinnstrategie darin besteht, ein Vielfaches von 3 auf dem Tisch zurückzulassen, um zu wissen, was passieren wird, ist es ausreichend, die anfängliche Zahl von Spielsteinen durch 3 zu teilen und den Rest zu betrachten: Wenn der Rest 2 ist (wie im ursprünglichen Fall), wird der erste Spieler gewinnen, indem er beim ersten Zug zwei Spielsteine wegnimmt und anschließend Dreiergruppen bildet (wenn Spieler 2 einen Stein wegnimmt, nimmt Spieler 1 zwei Steine weg und umgekehrt); wenn der Rest 1 ist (beispielsweise wenn man mit 19, 25, 100 oder 2.011 Spielsteinen beginnt), gewinnt Spieler 1 ebenfalls, indem er nur einen Spielstein beim ersten Zug wegnimmt. Wenn der Rest allerdings 0 ist (die Zahl der Spielsteine ist durch 3 teilbar), wird Spieler 2 immer gewinnen, indem er zwei Spielsteine wegnimmt, wenn Spieler 1 einen Spielstein wegnimmt und umgekehrt. In diesem Fall wird es für Spieler 1 unmöglich sein, ein Vielfaches von 3 Spielsteinen auf dem Tisch zurück zu lassen. Es ist uns also gelungen, die Gewinnstrategie für jede beliebige Anfangszahl von Spielsteinen zu verallgemeinern. Eine weitere Verallgemeinerung ist möglich, wenn die Zahl der Spielsteine, die mit jedem Zug weggenommen werden kann, variiert wird.

Spiel 2 (zwei Spieler): 100 verliert

Spieler 1 schreibt eine beliebige Zahl zwischen 1 und 10 auf ein Stück Papier. Spieler 2 denkt sich eine Zahl zwischen 1 und 10 aus, addiert diese zu der von Spieler 1 aufgeschriebenen Zahl hinzu und schreibt das Ergebnis auf das Papier. Das Spiel geht weiter, indem jeder Spieler eine Zahl zwischen 1 und 10 zum vorherigen Ergebnis hinzuzählt. Der Spieler, der nach dem Hinzuzählen seiner Zahl zuerst eine dreistellige Zahl (100 oder mehr) erreicht, verliert das Spiel. Wie lautet die Gewinnstrategie? Welcher Spieler, Spieler 1 oder Spieler 2, hat einen Vorteil? Was passiert, wenn die Regeln oder das Ziel des Spiels geändert werden?

Auch hier wird empfohlen, das Spiel zunächst einige Male zu spielen, um die Gewinnstrategie für einen der Spieler zu entdecken und über die Beziehung zwischen diesem Spiel und dem zuvor beschriebenen Spiel nachzudenken. Um das Spiel so analysieren zu können, dass eine Gewinnstrategie abgeleitet werden kann, können wir folgendermaßen vorgehen: Wenn die Person, die zuerst die Zahl 100 erreicht, verliert, gewinnt die Person, der es gelingt, die Zahl 99 zu erreichen. Welche Zahl muss der betreffende Spieler zuvor aufgeschrieben haben, um die Zahl 99 zu erreichen? Die Antwort lautet 88, denn dadurch muss der andere Spieler eine Zahl zwischen 89 und

98 aufschreiben, sodass der betreffende Spieler in der nächsten Runde 99 aufschreiben kann. Wie im vorherigen Beispiel zeigt das Rückwärtsarbeiten (sodass die Zahlen 88, 77, 66 … bis zur Zahl 11 erreicht werden), dass ein Vielfaches von 11 gebildet werden muss, um das Spiel zu gewinnen. Jetzt kann eine Gewinnstrategie formuliert werden: Der Spieler, der die Zahl 11 und anschließend ein Vielfaches davon aufschreibt (wenn der andere Spieler n addiert, muss der Gewinner $11 - n$ dazuzählen), wird er die Zahl 99 erreichen und das Spiel gewinnen. Angesichts dessen, dass es für Spieler 1 unmöglich ist, die Zahl 11 in der ersten Runde zu erreichen, besteht hier eine Gewinnstrategie für Spieler 2. Wie im vorherigen Spiel ändert sich die Gewinnvorhersage für Spieler 1 und 2 abhängig von der angestrebten Zahl: Es wird immer Spieler 1 gewinnen, wenn das Ziel kein Vielfaches von 11 ist, und immer Spieler 2, wenn das Ziel ein Vielfaches von 11 ist.

Spiel 3 (zwei Spieler): Vollständige Verallgemeinerung

Nehmen wir an, dass sich m Spielsteine auf dem Tisch befinden und bei jedem Zug zwischen 1 und n ($n < m$) Spielsteine weggenommen werden können. Der Spieler, der den letzten Spielstein wegnimmt, gewinnt das Spiel. Welcher der beiden Spieler, Spieler 1 oder Spieler 2, hat eine Gewinnstrategie? Wie lautet die Strategie? Wenn sich das Ziel ändert und der Spieler, der den letzten Spielstein wegnimmt, verliert, wie ändert sich dann die Strategie? Tatsächlich handelt es sich hier nicht nur um ein einziges Spiel, sondern eine Reihe abstrakter Spiele, von denen die beiden ersten Spiele nur spezifische Varianten sind. Die Gewinnstrategie für dieses Spiel ist allerdings eine Verallgemeinerung, die auf eine unendliche Zahl von Spielen angewandt werden kann. Der Ansatz dieser Strategie lautet folgendermaßen: Teile m durch $n + 1$ und bestimme den Rest der Division, der eine Zahl zwischen 0 und n sein wird. Wir haben also zwei Fälle:

a) Der Rest der Division ist 0. In diesem Fall gibt es eine Gewinnstrategie für Spieler 2, der ein Vielfaches von $n + 1$ auf dem Tisch zurücklassen muss. Wenn der erste Spieler p Spielsteine ($0 < p < n + 1$) wegnimmt, muss der zweite Spieler $n + 1 - p$ Spielsteine wegnehmen, was möglich ist, weil die Zahl immer zwischen 1 und n liegt.
b) Der Rest der Division ist r ($0 < r < n + 1$). In diesem Fall gibt es eine Gewinnstrategie für Spieler 1, der bei seinem ersten Zug r Spielsteine wegnehmen und ein Vielfaches von $n + 1$ auf dem Tisch zurücklassen muss, sodass er jetzt spielt, als wäre er Spieler 2, und die Gewinnstrategie aus Fall A anwendet, das heißt, wenn Spieler 2 p Spielsteine ($0 < p < n + 1$) wegnimmt, muss der erste Spieler $n + 1 - p$ Spielsteine wegnehmen.

Diese Lösung kann auf eine unendliche Zahl spezifischer Spiele angewandt werden, beispielsweise auf das folgende Spiel: Es liegen 2.010 Spielsteine auf dem Tisch und jeder Spieler kann zwischen 1 und 49 Spielsteine wegnehmen. Welcher Spieler hat eine Gewinnstrategie? Und wie lautet sie? Wenn das Ziel des Spiels darin besteht, dass der Spieler, der den letzten Spielstein wegnimmt, nicht gewinnt, sondern verliert, muss lediglich festgehalten werden, dass alles, was erforderlich ist, um zu gewinnen, ist, den zweitletzten Spielstein wegzunehmen und nur noch einen Spielstein auf dem Tisch zurück zu lassen. In diesem Fall bleibt die Strategie dieselbe, obwohl die Zahl der Spielsteine jetzt $m - 1$ sein wird, anstelle von m.

Alle diese Spiele, die mit einer einzigen Reihe beginnen, können als Vereinfachung des sogenannten Nim-Spiels betrachtet werden, dem wir jetzt unsere Aufmerksamkeit widmen werden.

Eine komplexe Strategie: Nim-Spiele

Es ist möglich, die vorgenannte Gruppe von Spielen weiter zu verallgemeinern, indem die Zahl der Reihen jede beliebige endliche Zahl sein kann. Das sogenannte Nim-Spiel beginnt mit mehreren Reihen, die alle eine unterschiedliche Länge haben können. Die Spielregeln gestatten es jedem Spieler, eine beliebige Anzahl Spielsteine wegzunehmen, wenn er an der Reihe ist, mit einem Minimum von 1 und maximal allen Spielsteinen in einer Reihe. Es gewinnt der Spieler, der den letzten Spielstein wegnehmen kann, obwohl es auch möglich ist, das Spiel so zu spielen, dass der Spieler, der den letzten Spielstein wegnimmt, verliert.

Spiel 4 (zwei Spieler): Erste Version des Nim-Spiels

Beginnen wir mit drei Reihen mit jeweils 1, 3 und 5 Spielsteinen. Die Spieler nehmen abwechselnd eine beliebige Zahl an Spielsteinen aus einer Reihe weg (wenigstens einen Spielstein und höchstens alle Spielsteine). Der Spieler, der den letzten Spielstein wegnimmt, gewinnt das Spiel. Welcher Spieler hat die Gewinnstrategie?

Die Analyse des Spiels zeigt, dass es in diesem Fall eine Gewinnstrategie für den ersten Spieler gibt, obwohl nur einer der möglichen Anfangszüge den Sieg garantiert. Wenn Sie das Spiel spielen, werden Sie entdecken, dass keiner der Spieler die folgenden Züge machen sollte:

a) Zwei Reihen mit derselben Anzahl Spielsteine zurücklassen.
b) Alle Spielsteine einer Reihe wegnehmen.

Wenn Spieler A also Zug a) macht, kann Spieler B die Steine aus der dritten Reihe wegnehmen und das Spiel gewinnen, indem er die Züge seines Kontrahenten kopiert. Wenn Spieler A *n* Spielsteine aus einer Reihe wegnimmt, nimmt Spieler B dieselbe Anzahl Spielsteine aus einer anderen Reihe weg, sodass wenn Spieler A den letzten Spielstein aus einer Reihe wegnimmt, Spieler B den letzten Spielstein aus der anderen Reihe wegnimmt und gewinnt.

Wenn Spieler A den Zug b) macht, wird Spieler B Spielsteine aus der Reihe mit den meisten Spielsteinen wegnehmen, bis zwei Reihen mit derselben Anzahl Spielsteine übrig bleiben, und das Spiel gewinnen, wenn er dieselbe Strategie verfolgt wie im vorstehenden Fall. Das bedeutet, dass der Spieler, der seinen Kontrahenten zwingt, einen der „verbotenen" Züge zu machen, das Spiel gewinnt. Im vorliegenden Fall wird der erste Spieler das Spiel gewinnen, wenn er 3 Spielsteine aus der Reihe mit 5 Spielsteinen wegnimmt, sodass drei Reihen mit 1, 2 und 3 Spielsteinen übrig bleiben, denn dies bedeutet, dass sein Kontrahent entweder eine Reihe leeren oder zwei Reihen gleich machen muss (mit einer Gesamtsumme von 1 oder 2 Spielsteinen).

Es ist deutlich, dass diese Strategie zu spezifisch ist und nicht einfach auf eine beliebige Anzahl von Reihen übertragen werden kann, nicht einmal auf drei Reihen mit einer anderen und höheren Zahl an Spielsteinen.

Dennoch kann uns die Mathematik helfen, eine komplett allgemeine Strategie zu finden, die für jede beliebige Anzahl Reihen mit jeder beliebigen Anzahl Spielsteine pro Reihe verwendet werden kann. Hierzu muss festgehalten werden – wie in den nachfolgenden Beispielen gezeigt wird -, dass wenn die Anzahl der Spielsteine in jeder Reihe im Binärsystem ausgedrückt wird und die Zahlen auf eine Weise notiert werden, dass die zu jedem Stellenwert gehörenden Ziffern in einer Spalte angeordnet werden, sich die Parität wenigstens einer Spalte bei jedem Zug ändern wird. Dies geschieht, weil bei einem Zug nur eine der Stellen in einer oder mehreren Spalten geändert werden muss und sich wenigstens eine Stelle von 1 in 0 ändern wird. Das bedeutet, dass es eine Gewinnstrategie für den zweiten Spieler gibt, wenn die Summe der Ziffern in jeder Spalte in der Ausgangssituation gerade ist (die darin besteht, nach dem ersten Zug nur Spalten mit einer geraden Summe zurück zu lassen, etwas, was der erste Spieler nicht tun kann). Wenn andererseits mindestens eine Reihe eine ungerade Summe hat, wird der erste Spieler eine Gewinnstrategie haben, denn dann kann er nach seinem ersten Zug nur Spalten mit einer geraden Summe zurücklassen.

Um besser zu verstehen, wie diese Strategie funktioniert, werden im Folgenden einige konkrete Beispiele für die Anwendung der Strategie besprochen werden. Zunächst mit drei Reihen mit jeweils 1, 3 und 5 Spielsteinen (Spiel 4) und anschließend mit einer gängigeren Version des Nim-Spiels, Marienbad, das mit vier Reihen mit 1, 3, 5 und 7 Spielsteinen beginnt. Im ersten Spiel gibt es drei Reihen mit 1, 3 und 5 Spielsteinen.

1	im Binärsystem:	1
3	im Binärsystem:	1 1
5	im Binärsystem:	1 0 1

Zählt man die Ziffern der einzelnen Spalten zusammen, ergibt sich für jede Spalte eine ungerade Summe (3, 1 und 1, von rechts nach links). In diesem Fall gibt es eine Gewinnstrategie für den ersten Spieler. Um zu gewinnen, muss der Spieler alle Spalten mit einer geraden Summe zurücklassen. Der einzige Weg besteht nun darin, die Zahl 5 (101) in die Zahl 2 (10) zu ändern, indem drei Spielsteine aus der Reihe mit 5 Spielsteinen weggenommen werden. Daraus ergibt sich:

1	im Binärsystem:	1
3	im Binärsystem:	1 1
2	im Binärsystem:	1 0

Alle Spalten haben eine gerade Summe, sodass jeder Zug des zweiten Spielers eine der Spalten mit einer ungeraden Summe zurücklassen wird, sodass der erste Spieler die Spaltensummen bis zur letzten Aufstellung gerade zurücklassen kann (alle Zahlen werden 0, das heißt, alle Spalten werden eine gerade Summe ergeben).

Spiel 5 (zwei Spieler): Marienbad

Es werden vier Reihen mit jeweils 1, 3, 5 und 7 Spielsteinen auf den Tisch gelegt. Die Spieler nehmen abwechselnd eine beliebige Anzahl Spielsteine aus einer Reihe (mindestens einen Spielstein und höchstens alle Spielsteine). Der Spieler, der den letzten Spielstein wegnimmt, gewinnt das Spiel.

NIMROD

Zu Beginn der 1950er-Jahre entwickelten Ingenieure des britischen Unternehmens Ferranti den ersten ausschließlichen Spielecomputer. Der Name des Computers war NIMROD, in Anlehnung an das NIM-Spiel, zu dessen Zweck er eigens programmiert worden war. Der Computerbildschirm verfügte über eine Reihe von Lichtern, die aufleuchteten, um die Positionen des Spiels anzuzeigen. Der Prototyp wurde 1951 während des *Festival of Britain* vorgestellt und wird als Startschuss für das Zeitalter elektronischer Spiele betrachtet.

Welcher Spieler hat die Gewinnstrategie?

1	im Binärsystem:	1
3	im Binärsystem:	1 1
5	im Binärsystem:	1 0 1
7	im Binärsystem:	1 1 1

Da die Summe aller Spalten im Binärsystem in der Ausgangssituation gerade ist, kann der erste Spieler nicht gewinnen und die Gewinnstrategie steht deshalb dem zweiten Spieler zur Verfügung. Tatsächlich wird jeder Zug des ersten Spielers wenigstens eine Spalte mit einer ungeraden Summe hinterlassen. Nehmen wir an, der Spieler nimmt einen Spielstein aus der Reihe mit 3 Spielsteinen. Daraus ergibt sich:

1	im Binärsystem:	1
2	im Binärsystem:	1 0
5	im Binärsystem:	1 0 1
7	im Binärsystem:	1 1 1

Der zweite Spieler muss jetzt eine Zahl ändern, sodass die Summe der rechten Spalte eine gerade Zahl ergibt (und die anderen gleich bleiben, weil ihre Summe gerade ist), d.h. er muss genau einen Spielstein aus einer der Reihen wegnehmen mit Ausnahme der zweiten Reihe, was im Binärsystem dazu führen würde, dass sich in der rechten Spalte eine 1 in eine 0 verwandelt.

Obwohl die Nim-Strategie schwerer aufzudecken ist als die Strategien in den vorherigen Spielen, gibt es ein allgemeines Schema, das zur Bestimmung der Gewinnstrategien für alle diese Spiele verwendet wird. Finde eine Entsprechung zur Endsituation des Spiels, die von nur einem der Spieler erreicht werden kann. Im ersten Spiel dieses Kapitels (Spiel 1: 20 gewinnt) lautet die Entsprechung, dass ein Vielfaches von 3 auf dem Tisch zurückgelassen werden muss. Im zweiten Spiel (Spiel 2: 100 verliert) muss ein Vielfaches von 11 notiert werden. Im letzten Spiel (Nim-Spiel) lautet die Entsprechung, dass in jeder Reihe eine Anzahl Spielsteine zurückgelassen werden muss, deren Spaltensumme im Binärsystem eine gerade Zahl ist.

Nim-Spiele werden häufig in ihrer gegenteiligen Form präsentiert, das heißt, der Spieler, der den letzten Stein wegnimmt, verliert das Spiel. In diesem Fall wird der Spieler, der eigentlich gewinnen würde, immer noch gewinnen und die Strategie wäre anfänglich dieselbe und würde nur dann abweichen, wenn der „normale" Zug (der dazu führt, dass die erste Version gewonnen wird) jede Reihe mit wenigstens zwei Spielsteinen zurücklässt. Jetzt besteht der gewinnende Zug darin, eine ungerade Reihenanzahl mit

DAS BINÄRSYSTEM

Das Binärsystem ist ein Zahlensystem, das zur Darstellung von Zahlen nur zwei verschiedene Ziffern benutzt, nämlich 0 und 1. Um eine Binärzahl in eine Dezimalzahl umzuwandeln, muss lediglich jede 1 durch eine Zweierpotenz ausgetauscht werden, deren Exponent der Position entspricht. Mit anderen Worten, die rechte Ziffer entspricht 20, die folgende Ziffer 21, die folgende Ziffer 22 usw. Die Dezimalform der Binärzahl 110101 würde lauten: $1 \cdot 2^0 + 0 \cdot 2^1 + 1 \cdot 2^2 + 0 \cdot 2^3 + 1 \cdot 2^4 + 1 \cdot 2^5 = 1 + 4 + 16 + 32 = 53$. Dementsprechend muss eine Dezimalzahl durch 2 geteilt werden, dann der Quotient durch 2 usw. bis der Quotient 1 ist, um sie als Binärzahl darzustellen. Der letzte Quotient ist die erste Ziffer links und die Reste der Divisionen, von der letzten zur ersten Division, sind die Folgeziffern (der Rest der Division durch 2 kann nur 0 oder 1 sein).

Die Zahl 39 würde im Binärsystem also folgendermaßen dargestellt werden: 100111, denn 39/2 ist 19 (Rest 1), 19/2 ist 9 (Rest 1), 9/2 ist 4 (Rest 1), 4/2 ist 2 (Rest 0), 2/2 ist 1 (Rest 0). Die Idee besteht darin, diese Zahlen als Summe der aufeinander folgenden Zweierpotenzen darzustellen, das heißt, $39 = 1 + 2 + 4 + 32 = 1 \cdot 2^0 + 1 \cdot 2^1 + 1 \cdot 2^2 + 0 \cdot 2^3 + 0 \cdot 2^4 + 1 \cdot 2^5$ =100111 im Binärsystem.

Obwohl das Konzept des Binärsystems relativ neu ist, ist die Eigenschaft, auf denen das System basiert (nämlich, dass alle Zahlen als Summe von Zweierpotenzen unterschiedlicher Exponenten ausgedrückt werden können) seit vielen Jahrhunderten bekannt und angewandt. Das im alten Ägypten für die Multiplikation verwendete System, beispielsweise, bestand darin, eine der beiden Zahlen zu verdoppeln und die andere durch 2 zu teilen (wenn die Zahl ungerade ist, wird die vorherige Zahl durch 2 geteilt), etwas, das dank der oben erwähnten Eigenschaft immer funktioniert.

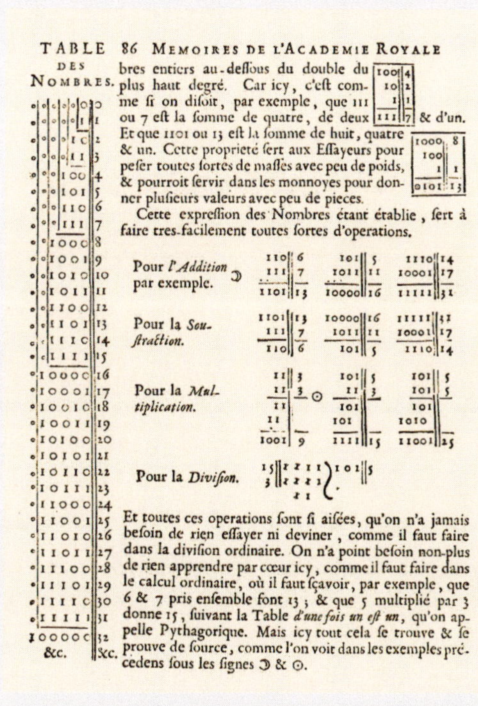

TABLE DES NOMBRES.

86 MEMOIRES DE L'ACADEMIE ROYALE

0	0
1	1
10	2
11	3
100	4
101	5
110	6
111	7
1000	8
1001	9
1010	10
1011	11
1100	12
1101	13
1110	14
1111	15
10000	16
10001	17
10010	18
10011	19
10100	20
10101	21
10110	22
10111	23
11000	24
11001	25
11010	26
11011	27
11100	28
11101	29
11110	30
11111	31
100000	32
&c.	&c.

bres entiers au-dessous du double du plus haut degré. Car icy, c'est comme si on disoit, par exemple, que 111 ou 7 est la somme de quatre, de deux & d'un. Et que 1101 ou 13 est la somme de huit, quatre & un. Cette proprieté sert aux Essayeurs pour peser toutes sortes de masses avec peu de poids, & pourroit servir dans les monnoyes pour donner plusieurs valeurs avec peu de pieces.

100 | 4; 10 | 2; 1 | 1; 111 | 7

1000 | 8; 100 | 4; 1 | 1; 1101 | 13

Cette expression des Nombres étant établie, sert à faire tres-facilement toutes sortes d'operations.

Pour *l'Addition* par exemple. ☽

110 + 111 = 1101 (6 + 7 = 13); 101 + 1011 = 10000 (5 + 11 = 16); 1110 + 10001 = 11111 (14 + 17 = 31)

Pour la *Soustraction.*

1101 − 111 = 110 (13 − 7 = 6); 10000 − 1011 = 101 (16 − 11 = 5); 11111 − 10001 = 1110 (31 − 17 = 14)

Pour la *Multiplication.* ⊙

11 × 11: 11, 11, 1001 (3 × 3 = 9); 101 × 11: 101, 101, 1111 (5 × 3 = 15); 101 × 101: 101, 1010, 11001 (5 × 5 = 25)

Pour la *Division.*

15 ‖ 1111 / 3 ‖ 11 → 101 ‖ 5

Et toutes ces operations sont si aisées, qu'on n'a jamais besoin de rien essayer ni deviner, comme il faut faire dans la division ordinaire. On n'a point besoin non-plus de rien apprendre par cœur icy, comme il faut faire dans le calcul ordinaire, où il faut sçavoir, par exemple, que 6 & 7 pris ensemble font 13; & que 5 multiplié par 3 donne 15, suivant la Table *d'une fois un est un*, qu'on appelle Pythagorique. Mais icy tout cela se trouve & se prouve de source, comme l'on voit dans les exemples précedens sous les signes ☽ & ⊙.

Eine Seite aus Mémoires de l'Académie Royale des Sciences *über das 1703 von Leibniz entwickelte Binärsystem.*

ÜBUNGSSPIELE

Würfelspiel. Hierbei handelt es sich um ein Strategiespiel für zwei Spieler. Der erste Spieler legt den Würfel auf den Tisch und wählt dabei eine Zahl aus, die nach oben zeigt. Der zweite Spieler dreht den Würfel um eine Vierteldrehung und addiert die Zahl auf der Oberseite zur vorherigen Zahl. Die Spieler drehen nun abwechselnd den Würfel (sie können so jede Zahl auswählen, mit Ausnahme der Zahlen auf der Ober- und Unterseite des Würfels) und addieren die nach oben zeigende Zahl zur vorherigen Summe. Der Spieler, der zuerst die Summe von 31 erreicht, gewinnt. Welcher Spieler hat einen Vorteil? Wie können die Spieler sicherstellen, dass sie immer gewinnen?

Rechteck durchschneiden. Ein Strategiespiel für zwei Spieler. Ein 17 x 15 Rechteck wird auf ein kariertes Blatt Papier aufgemalt (mithilfe der Gitterlinien, das heißt, eine Einheit entspricht einem Kästchen). Das Kästchen in der rechten unteren Ecke wird markiert. Die Spieler versuchen nun reihum das Rechteck in zwei Teile zu teilen, indem sie (entlang der Gitterlinien) eine gerade vertikale oder horizontale Linie ziehen, wobei der Teil ohne markiertes Kästchen jeweils ausscheidet. Der Spieler, dem es nicht gelingt, das Rechteck zu teilen (das heißt, der Spieler der mit dem markierten Kästchen zurückbleibt), verliert das Spiel. Welcher Spieler hat einen Vorteil? Wie können die Spieler sicherstellen, dass sie immer gewinnen?

Punkte verbinden. Ein Strategiespiel für zwei Spieler. Malen Sie einen Kreis auf ein Blatt Papier und markieren Sie acht beliebige Punkte auf der Kreislinie. Die Spieler verbinden nun abwechselnd zwei Punkte miteinander. Sie können beliebige Punkte miteinander verbinden, die noch nicht miteinander verbunden wurden. Die Linie darf allerdings nicht durch einen der Striche verlaufen, die durch die vorherigen Verbindungen entstanden sind. Der Spieler, der keine neue Linie mehr einzeichnen kann, verliert. Welcher Spieler hat einen Vorteil? Wenn sich die Anzahl der Punkte ändert, bleibt der Vorteil beim selben Spieler?

nur einem Spielstein zu hinterlassen, anstelle einer geraden Zahl, was der richtige Zug im normalen Spiel wäre.

Sobald die Gewinnstrategie für ein Nim-Spiel bekannt ist, stellt sich die Frage, ob es möglich ist, ein Spiel derselben Art zu entwickeln, bei dem es keine Gewinnstrategie gibt. Die Antwort lautet ja, was uns zu den sogenannten „Nimbus"-Spielen bringt. Diese Spiele basieren auf Nim-Spielen mit der folgenden Bedingung: Es darf nur dann mehr als ein Spielstein aus einer Reihe weggenommen werden, wenn die Spielsteine verbunden sind – das heißt, es sind beim vorherigen Zug keine Lücken entstanden. Hierdurch wird eine Bedingung eingeführt, die sich auf die Position der Spielsteine innerhalb jeder Reihe bezieht, etwas, was bislang außer Acht gelassen wurde. Es ist dasselbe, als würde man sagen, dass jedes Mal, wenn Spielsteine aus einer Reihe genommen werden, diese

Reihe in zwei Reihen aufgeteilt werden kann (was immer passieren wird, wenn die Spielsteine nicht vom Ende einer Reihe weggenommen werden), sodass neue Reihen gebildet werden und das Spiel auf eine solche Weise verändert wird, dass die für das Nim-Spiel entwickelte Strategie nicht länger angewandt werden kann.

Ziel des Spiels: Äquivalenz oder Unterschied

Bei der gleichzeitigen Analyse von Zielen und Regeln von Spielen kann gezeigt werden, dass in vielen Fällen Strategiespiele, die zunächst unterschiedlich zu sein scheinen, tatsächlich gleich sind und dass Spiele, die sich scheinbar kaum unterscheiden, vollkommen unterschiedliche Strategien verlangen.

Spiel 6 (zwei Spieler): Sechseckraster

Auf einem Spielbrett, wie in Abb. 1 gezeigt, ziehen die Spieler reihum mit dem einzigen Spielstein im Spiel, dessen Startposition D ist. Sie müssen den Spielstein in ein benachbartes Sechseck bewegen und sich dabei immer entweder horizontal oder diagonal nach rechts bewegen. Der Spieler, dem es gelingt, den Spielstein auf das letzte Sechseck (Position A) zu bewegen, gewinnt das Spiel.

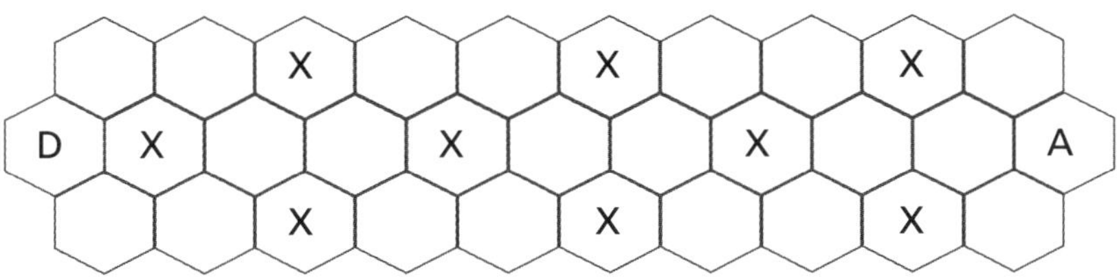

Abb. 1

Wenn Sie versuchen, das Spiel zu lösen, werden Sie schnell die Sechsecke finden, auf die der Spielstein bewegt werden muss, um zu gewinnen. Beim Zurückarbeiten werden Sie zu dem Schluss kommen, dass der erste Spieler eine Gewinnstrategie hat, wenn er den Spielstein auf die markierten Sechsecke bewegt. Es ist nicht sofort offensichtlich, dass dieses Spiel dem ersten vorgestellten Spiel (Spiel 1: 20 gewinnt) entspricht, bis wir feststellen, dass man durch jeden Zug zwei Schritte vorankommt (beim Verbleib in derselben Reihe) oder einen Schritt (beim Wechsel der Reihe). Durch eine Nummerierung der Sechsecke wird dies deutlicher (Abb. 2).

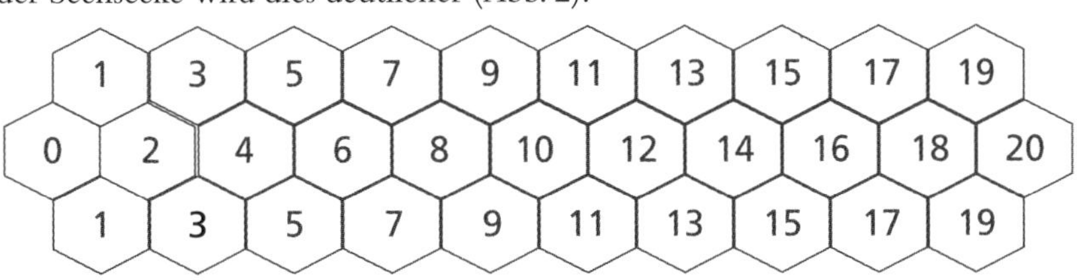

Abb. 2

Spiel 7 (zwei Spieler): Fügen Sie das letzte Objekt hinzu

Es werden drei Spielsteine auf einem Spielbrett bestehend aus sechs Feldern in einer einzigen Reihe aufgestellt. Die Spieler wählen jeweils einen Spielstein aus und bewegen ihn über eine beliebige Zahl von Feldern nach rechts (mindestens ein Feld und höchstens alle Felder auf dem Spielbrett). Das Ziel des Spiels besteht darin, alle Spielsteine auf dem letzten Feld auf der rechten Seite zu positionieren. Der Spieler, der den letzten Spielstein auf das Feld bewegt, gewinnt. Es können mehrere Spielsteine auf ein Feld bewegt werden. Beachten Sie, dass das Spiel in diesem Fall der ersten Version des Nim-Spiels entspricht, das wir analysiert haben (Spiel 4). Jeder Spielstein steht für eine Reihe und den Spielstein nach rechts zu bewegen bedeutet, Spielsteine auf eine solche Weise aus der Reihe wegzunehmen, dass der Spielstein, der das letzte Feld erreicht, einer leeren Reihe entspricht. Lassen Sie uns nun die Äquivalenz von zwei anderen Spielen analysieren.

Spiel 8 (zwei Spieler): Tysan-shizi

Es werden zwei Türme aus Spielsteinen auf dem Tisch aufgestellt (z.B. ein Turm mit 7 Spielsteinen und ein Turm mit 5 Spielsteinen). Die Spieler nehmen abwechselnd beliebig viele Spielsteine von einem Turm weg (mindestens 1 Spielstein). Sie können auch Spielsteine von beiden Türmen wegnehmen, wobei die Zahl der weggenommenen Spielsteine bei beiden Türmen gleich sein muss.

Spiel 9 (zwei Spieler): Rette die Dame

Die Dame wird auf ein beliebiges Feld eines Schachbretts gestellt (z. B. H8). Die Spieler bewegen die Dame abwechselnd über eine beliebige Zahl von Feldern nach links, nach unten oder diagonal (links und unten). Der Spieler, dem es gelingt, die Dame auf das Feld A1 zu bewegen, also den Kreuzungspunkt der ersten Reihe und ersten Spalte, gewinnt das Spiel.

Das erste Spiel (Spiel 8) ist ein Nim-Spiel, bei dem Spielsteine aus mehreren Türmen weggenommen werden können, ein Aspekt, den wir bislang nicht berücksichtigt haben und der die Definition einer allgemeinen Gewinnstrategie erheblich erschwert. Die Analyse der Bewegungen im zweiten Spiel (Spiel 9) bringt schnell dessen Äquivalenz zum ersten Spiel (Spiel 8) zum Vorschein, indem die Bewegungen der Dame in das Wegnehmen von Spielsteinen umgewandelt werden. Das Bewegen der Dame in einer Reihe entspricht dem Wegnehmen von Spielsteinen aus dem ersten Turm und die Bewegung der Dame in einer Spalte entspricht dem Wegnehmen von Spielsteinen aus dem zweiten Turm. Die diagonale Bewegung entspricht dem Wegnehmen von Spielsteinen aus beiden Türmen.

Die vorstehenden Beispiele haben gezeigt, dass sich in bestimmten Fällen Spiele, die auf den ersten Blick unterschiedlich zu sein scheinen, tatsächlich sehr ähnlich sind. Um dies zu sehen, müssen lediglich die Ziele und Regeln eines Spiels auf das andere übertragen werden. In anderen Fällen kann es genau umgekehrt sein. Spiele, die nahezu gleich zu sein scheinen, können sehr unterschiedlich sein, insbesondere, wenn wir uns auf ihre Gewinnstrategie konzentrieren. Zunächst betrachten wir ein Spiel, das mit dem ersten Spiel aus diesem Kapitel (Spiel 1: 20 gewinnt) identisch zu sein scheint.

Spiel 10 (zwei Spieler): Margerite

Ausgangssituation beim Margeritenspiel

Es wird eine Margerite mit 11 Blütenblättern aufgemalt und es wird ein Spielstein auf jedes Blütenblatt gesetzt. Die Spieler nehmen abwechselnd einen oder zwei Spielsteine weg, wobei sie nur zwei benachbarte Spielsteine wegnehmen dürfen.

Das Spiel gleicht sehr dem ersten Spiel, das wir in diesem Kapitel analysiert haben (Spiel 1: 20 gewinnt), nur dass es mit 11 Spielsteinen statt 20 Spielsteinen gespielt wird. Dementsprechend kann der erste Spieler gewinnen, wenn er beim ersten Zug zwei Spielsteine wegnimmt und anschließend Dreiergruppen bildet. Die eingebaute Einschränkung – es dürfen nur zwei benachbarte Spielsteine weggenommen werden – macht die vorherige Strategie allerdings vollkommen ungültig. Was wirklich zählt, ist die Position der Spielsteine. Die Anzahl wird vollkommen irrelevant. Tatsächlich spielt die anfängliche Anzahl von Spielsteinen keine Rolle, denn solange sie größer als 3 ist, kann die Gewinnstrategie für jede beliebige Anzahl auf dieselbe Weise formuliert werden.

BABYLON, EIN SPIEL VON BRUNO FAIDUTTI

Derzeit tendiert die Welt der Strategiespiele zu Entwicklung von Strategiespielen, die trotz ihrer augenscheinlichen Einfachheit besonders schwer zu analysieren sind, bis zu dem Punkt, dass es fast unmöglich ist, eine Gewinnstrategie zu bestimmen, auch wenn es möglich ist zu beweisen, dass eine solche Gewinnstrategie besteht. Beim folgenden Spiel des französischen Spieleentwicklers Bruno Faidutti, das als Babylon bekannt ist, handelt es sich um ein solches Strategiespiel. Es werden zwölf Spielsteine auf den Tisch gelegt. Die Spielsteine haben vier unterschiedliche Farben, sodass jeweils drei Spielsteine dieselbe Farbe haben. Jeder Spieler wählt der Reihe nach einen Turm aus (beginnend mit Stapeln von nur einem Spielstein) und legt die Spielsteine auf einen anderen Turm, und zwar unter den folgenden Bedingungen: Es kann nur dann ein Turm auf einen anderen gesetzt werden, wenn die beiden Türme dieselbe Höhe haben oder der oberste Spielstein beider Türme dieselbe Farbe hat. Der erste Spieler, dem es nicht gelingt, einen Turm auf einen anderen zu setzen, verliert das Spiel.

Obwohl es zunächst so aussieht, als könne das Spiel gelöst werden, indem beispielsweise spezifische Fälle betrachtet werden und versucht wird, diese zu erweitern, zeigt eine umfassende computergestützte Analyse, dass es nicht möglich ist, eine Strategie zu finden, die ein Spieler im Kopf behalten könnte.

Babylon *wurde von Bruno Faidutti erfunden.*

Bei diesem Spiel handelt es sich strenggenommen nicht um ein Nim-Spiel, sondern um ein Spiel aus der Gruppe der sogenannten Nimbus-Spiele, deren allgemeine Strategie unbekannt ist. Tatsächlich handelt es sich um ein sehr einfaches Spiel aus dieser Gruppe. In diesem spezifischen Beispiel ist zu sehen, dass der zweite Spieler immer gewinnen kann, wobei die Anzahl der Spielsteine bei Spielbeginn keine Rolle spielt, indem er die Strategie der Symmetrie anwendet. Beim Spielen des Spiels kann beobachtet werden, dass, wenn es einem Spieler gelingt, die Blütenblätter in zwei Gruppen mit derselben Anordnung zu teilen, er das Spiel durch einfache Anwendung von Symmetrie gewinnen kann, indem er jeweils die gespiegelten Spielsteine zu denen wegnimmt, die sein Kontrahent weggenommen hat. Da der erste Spieler die Spielsteine beim ersten Zug nicht in zwei Gruppen trennen kann – was bedeuten würde, dass er zwei nicht benachbarte Spielsteine wegnimmt – und deshalb eine Lücke entsteht, kann der zweite Spieler eine andere Lücke öffnen, die die Spielsteine in zwei Gruppen trennt.

Spiele und Pseudospiele

Es gibt einige Spiele, die den bereits beschriebenen Spielen ähnlich sind, die allerdings nicht als Strategiespiele klassifiziert werden können, weil keiner der Spieler auf eine Weise in das Spiel eingreifen kann, dass sich die Richtung des Spiels ändert. Mit anderen Worten, die Gewinnstrategie ist auf solche Weise in den Spielregeln enthalten, dass die Entscheidungen der Spieler irrelevant sind, da sie das Ergebnis des Spiels nicht ändern können. Diese Spiele werden von Mathematikern häufig als „Pseudospiele“ bezeichnet. Anstatt nach einer Gewinnstrategie zu suchen, die es nicht gibt, kann gezeigt werden, dass das Ergebnis des Spiels unabhängig von den Entscheidungen der Spieler ist. Die Regeln und das Ziel des Spiels bestimmen, welcher der beiden Spieler immer gewinnen wird. Im Folgenden werden wir drei Beispiele für solche Pseudospiele betrachten.

Spiel 11 (zwei Spieler): Nur ungerade

Es werden 20 Spielsteine auf den Tisch gelegt und die Spieler nehmen abwechselnd 1, 3 oder 5 Spielsteine weg. Der Spieler, der den letzten Spielstein wegnimmt, hat gewonnen. Welcher der beiden Spieler, Spieler 1 oder Spieler 2, hat einen Vorteil? Was passiert, wenn sich die Anzahl der Spielsteine ändert? Handelt es sich hierbei um ein Strategiespiel wie die zuvor beschriebenen oder passiert etwas anderes?

Wenn Sie das Spiel spielen, werden Sie schnell feststellen, dass Spieler 2 alle Spiele gewinnt und Spieler 1 nichts tun kann, um zu gewinnen. Spieler 2 ist zum Gewinnen gezwungen. Im Gegensatz zu den bisher beschriebenen Spielen ist bei diesem Spiel die Parität (sowohl was die anfängliche Anzahl der Spielsteine betrifft als auch die Anzahl der Spielsteine, die weggenommen werden dürfen) ausschlaggebend. Das bedeutet, dass in diesem Fall nicht von einer Gewinnstrategie gesprochen werden kann, denn die Lösung des Spiels wird von den Spielregeln bestimmt.

Wenn es anfänglich 20 Spielsteine (oder eine andere gerade Zahl) gibt und der erste Spieler 1, 3 oder 5 Spielsteine wegnimmt (oder eine andere ungerade Zahl), wird die restliche Anzahl Spielsteine immer ungerade sein (Gerade minus Ungerade ergibt Ungerade). Wenn der zweite Spieler nun am Zug ist, muss dieser ebenfalls eine ungerade

Zahl von Spielsteinen wegnehmen, sodass eine gerade Zahl an Spielsteinen zurückbleibt (Ungerade minus Ungerade ergibt Gerade). Demzufolge wird der erste Spieler immer eine ungerade Zahl an Spielsteinen auf dem Tisch lassen und der zweite Spieler eine gerade Zahl. Und weil Null eine gerade Zahl ist, wird der zweite Spieler, ungeachtet der Züge der Spieler, immer gewinnen. Wenn im umgekehrten Fall die anfängliche Anzahl Spielsteine ungerade ist, wird immer der erste Spieler gewinnen.

Spiel 12 (zwei Spieler): Quadrate und Kreise

Es wird eine Reihe aus Kreisen und Quadraten aufgemalt. Die Spieler streichen abwechselnd zwei gleiche Formen (also zwei Kreise oder zwei Quadrate) und ersetzen

MEHR ÜBUNGSSPIELE

Dreieck schließen. Ein Strategiespiel für zwei Spieler. Malen Sie einen Kreis und zeichnen Sie darauf sechs Punkte an beliebiger Stelle ein. Die Spieler verbinden abwechselnd zwei Punkte mit einer Linie. Der eine Spieler benutzt einen roten Stift und der andere einen schwarzen Stift. Jeder Spieler kann zwei beliebige Punkte verbinden, wenn diese noch nicht miteinander verbunden sind. Der Spieler, der ein Dreieck zeichnen kann, dessen 3 Seiten dieselbe Farbe haben, gewinnt das Spiel. Welcher Spieler hat einen Vorteil?
Wie können Sie sicherstellen, dass Sie immer gewinnen? Wenn sich die Anzahl der Punkte ändert, bleibt der Vorteil beim selben Spieler? Das Spiel kann auch mit dem umgekehrten Ziel gespielt werden, sodass der Spieler, der ein Dreieck in seiner Farbe zeichnet, verliert. Was passiert jetzt?
Schokoladentafel (I). Eine Schokoladentafel besteht aus 28 quadratischen Stücken in 4 Reihen à 7 Quadraten. Der erste Spieler teilt die Schokoladentafel in zwei Teile, sodass keine Stücke zerbrechen. Der zweite Spieler nimmt einen Teil (der andere wird beiseitegelegt) und teilt diesen erneut. Die Spieler wählen abwechselnd jeweils eine Hälfte aus und teilen diese in zwei Teile anhand der Linien zwischen den einzelnen Quadraten. Der Spieler, der die Tafel nicht mehr teilen kann, verliert das Spiel. Wie lautet die Gewinnstrategie? Was geschieht, wenn die Tafel aus 27 Quadraten in 3 Reihen à 9 Quadraten besteht?
Schokoladentafel (II). Wie im vorstehenden Spiel wird eine Schokoladentafel in zwei Teile zerbrochen, jedoch besteht sie jetzt aus 50 Quadraten in 5 Reihen à 10 Quadraten. Die Spieler zerbrechen die Schokoladentafel (oder eine der Hälften) anhand der vertikalen oder horizontalen Linien (ohne ein Quadrat zu zerbrechen). Dieses Mal bleiben alle Hälften im Spiel. Der erste Spieler, der ein einzelnes Quadrat abbrechen muss, verliert das Spiel. Wie lautet die Gewinnstrategie? Was passiert, wenn der erste Spieler, der ein einzelnes Quadrat abbricht, gewinnt?

durch einen Kreis oder sie streichen zwei unterschiedliche Formen und ersetzen diese durch ein Quadrat. Die Zahl der Formen verringert sich immer weiter, bis nur eine Form übrig bleibt: Wenn es ein Quadrat ist, gewinnt der erste Spieler, und wenn es ein Kreis ist, gewinnt der zweite Spieler. Gibt es eine Gewinnstrategie? Was passiert, wenn sich die anfängliche Anzahl Kreise und Quadrate ändert? Handelt es sich hierbei tatsächlich um ein Strategiespiel? Gehen Sie von der Anfangssituation aus, die hier oben dargestellt ist.

Nachdem Sie mehrere Partien mit dieser Ausgangssituation gespielt haben, wird deutlich werden, dass der zweite Spieler immer zu gewinnen scheint (die letzte Form ist ein Kreis). Eine Änderung der Anzahl von Kreisen scheint am Ergebnis nichts zu ändern, während eine Änderung der Anzahl der Quadrate auch das Ergebnis ändert.

Um nachzuweisen, dass es sich hierbei nicht um ein Spiel handelt, da der Gewinner durch die Ausgangssituation und die Spielregeln bestimmt wird, muss analysiert werden, wie sich die Anzahl der Quadrate über das gesamte Spiel ändert. Bei jedem Zug kann die Anzahl der Quadrate gleich bleiben (wenn zwei Kreise gegen einen Kreis getauscht werden oder ein Kreis und ein Quadrat gegen ein Quadrat) oder sich um zwei verringern (wenn zwei Quadrate gegen einen Kreis getauscht werden). Das bedeutet, dass, wenn die Zahl der Quadrate bei Spielbeginn gerade ist, die Anzahl der Quadrate während des Spiels immer gerade sein wird und es unmöglich ist, das Spiel mit einem Quadrat zu beenden, wohingegen wenn die Zahl der Quadrate bei Spielbeginn ungerade ist, am Ende ein einziges Quadrat übrig bleiben wird.

In diesem Kapitel wurden ausschließlich Strategiespiele besprochen, und zwar solche, die in ihrer Gesamtheit analysiert werden können, um zu zeigen, wie die Mathematik verwendet wird, um eine Gewinnstrategie für einen Spieler zu bestimmen, wenn es eine solche Strategie gibt. Heuristiken, wie die Untersuchung spezifischer Fälle, ausgehend von der Annahme, dass das Spiel beendet ist, und das Zurückarbeiten, mithilfe der Symmetrie und Konzentration auf die Parität, fallen allesamt in den Bereich der mathematischen Problemlösung. Wenn solche Techniken zur Analyse von Spielen in einer Gewinnstrategie resultieren, ist das Spiel kein Spiel mehr, sondern wird zu einem weiteren gelösten Problem.

Im Allgemeinen entsprechen die analysierten Spiele den Nim-Spielen, die von der Anzahl der Spielsteine bestimmt werden, und den Nimbus-Spielen, bei denen neben der

Anzahl der Spielsteine auch Positionsfaktoren eine Rolle spielen, die die Verwendung von Problemlösungsstrategien aus der ersten Kategorie unmöglich machen und die Definition von Strategien im Allgemeinen verkomplizieren.

Kapitel 3

Glücksspiele

Wo enden Spiele und beginnt ernsthafte Mathematik?
Für viele ist Mathematik todlangweilig und hat kaum etwas mit Spielen zu tun.
Für die Mehrheit der Mathematiker jedoch hört Mathematik niemals
auf, Spiel zu sein, auch wenn sie noch vieles andere sein kann.
Miguel de Guzmán

Dieses Kapitel beschäftigt sich mit der Beziehung zwischen Spielen und Wahrscheinlichkeit, einer Beziehung, die mit dem Versuch der Menschheit entstand, etwas zu modellieren oder vorherzusagen, was scheinbar so chaotisch war wie der Zufall. Vor diesem Durchbruch konzentrierte sich die Mathematik auf das, was bereits definiert und regelmäßig war, was garantiert werden konnte. Man könnte behaupten, dass die Entwicklung von Methoden zur Berechnung des Zufalls ein neues Zeitalter der Mathematik einleitete, dessen Bedeutung mit der Entdeckung weiterer Anwendungen allmählich größer wurde, ein Prozess, der bis zum heutigen Tag anhält, denn es wurde nicht nur der Zufall mithilfe der Mathematik untersucht und modelliert, sondern auch andere Unsicherheiten, wie das Chaos oder die Unregelmäßigkeit von Fraktalen.

Der Mann, der nicht verlieren wollte – Glücksspiele und die Geburtsstunde der Wahrscheinlichkeit

Heute werden komplexe Wahrscheinlichkeitstheorien in vielen Bereichen angewandt, denn in unserer Welt spielt die Unsicherheit eine viel größere Rolle als die Sicherheit. Doch der Ursprung der Wahrscheinlichkeitstheorie ist eng mit dem Wunsch verbunden, Glücksspiele zu gewinnen. Tatsächlich findet sich der Ursprung der mathematischen Formulierung einer Zufallstheorie ausgehend vom Konzept der Wahrscheinlichkeit im Frankreich des 17. Jahrhunderts, insbesondere in der Korrespondenz zwischen Blaise Pascal und Pierre Fermat aus dem Jahr 1654 über die Fragestellungen von Antoine Gombauld, auch bekannt als Chevalier de Méré. Gombauld war ein begeisterter Spieler, der von Pascal verlangte, die Ergebnisse bestimmter Würfelspiele zu erklären.

Der Chevalier de Méré (1607–1685) widmete einen Großteil seines Lebens dem Spiel und der Analyse von Glücksspielen, wobei er eine intuitive Argumentation nutzte, die sich – zufälligerweise – häufig als korrekt erwies. Es schien, dass er eine nicht unerhebliche Geldsumme durch das Wetten auf Spiele gewonnen hatte, bei denen die Chance zu gewinnen ebenso groß war, wie das Risiko zu verlieren. Eines der Spiele, die zu jener Zeit als „ausgewogen" betrachtet wurden, bestand darin, in einem Wurf mit 4 Würfeln wenigstens eine 6 zu würfeln. De Méré jedoch wusste, dass es gute Gewinnchancen hatte. Er schlug ein neues Spiel vor, das darin bestand, mit 24 Würfen mit jeweils zwei Würfeln wenigstens eine Doppelsechs zu würfeln, wobei er dachte, dass dieses Spiel ebenso gewinnbringend wäre wie das andere. Es dauerte nicht lange, bis er bemerkte, dass dies nicht der Fall war und dass der angenommene Vorteil gegen ihn arbeitete, weshalb er Pascal um das Jahr 1654 um eine Erklärung bat, weshalb sein Ansatz falsch war und das neue Spiel im Gegensatz zum vorherigen Spiel ein Verlustspiel war.

Die Illustration aus dem Buch der Spiele *von Alfons X. dem Weisen zeigt ein Würfelspiel.*

BLAISE PASCAL (1623–1662)

Trotz seines relativ kurzen Lebens leistete dieser französische Philosoph und Mathematiker einige wesentliche Beiträge zu Wissenschaft und Wissen. Er war ein Wunderkind und nahm als Elfjähriger bereits an von Martin Mersenne organisierten wissenschaftlichen Treffen teil. Im Jahr 1640 veröffentlichte er seinen *Essai Pour les Coniques* und im Jahr 1649 wies er die Erkenntnisse Torricellis zum Atmosphärendruck nach.

Im Jahr 1642 hatte Pascal bereits eine Rechenmaschine entworfen, sodass er seinem Vater, einem Steuereintreiber in der Normandie, behilflich sein konnte. Diese Maschine, die als „Pascaline" bekannt ist, war eine der ersten mechanischen Rechenmaschinen, die tatsächlich funktionierte. Einige dieser Maschinen werden noch heute in verschiedenen Wissenschafts- und Technologiemuseen aufbewahrt. Die zur kaufmännischen Arithmetik entworfene Rechenmaschine erregte die Aufmerksamkeit der unterschiedlichsten Persönlichkeiten, wie der Königin Christina von Schweden oder des Philosophen G. W. Leibniz, der sich daran machte, sie zu perfektionieren.

Auf Basis der vom Chevalier de Méré aufgeworfenen Fragen zum Zufall bildete Pascals Korrespondenz mit Pierre Fermat die Grundlage der Entwicklung eines theoretischen Ansatzes für die Berechnung von Wahrscheinlichkeiten, die von Pascal die „Geometrie des Zufalls" genannt wurde. Insbesondere in fünf der bekanntesten Briefe aus dem Jahr 1654 findet sich eine Analyse von Glücksspielen, die das Interesse von Cardano weckte.

Ein weiteres Beispiel für seine Arbeit in diesem Bereich, *Traité du Triangle Arithmétique* (1654), analysiert und beweist die Eigenschaften eines arithmetischen Dreiecks, das auch als „y-Dreieck" bekannt ist, bei dem jeder Eintrag die Summe der beiden darüberstehenden Einträge ist und das später von Newton zur Darstellung der Binominalkoeffizienten benutzt wurde.

Seine mathematische und wissenschaftliche Arbeit endete im Jahr 1655, als er sich in ein Kloster zurückzog, um den Rest seines Lebens seinem philosophischen und religiösen Werk zu widmen.

PIERRE DE FERMAT (1601–1665)

Fermat war einer der bedeutendsten Mathematiker der Geschichte, obwohl seine Leidenschaft für diese Wissenschaft immer laienhaft blieb. Er konnte sein Werk nicht zu Lebzeiten veröffentlichen. Es wurde bekannt durch die Korrespondenz, die er mit den großen Mathematikern seiner Zeit unterhielt, wie Descartes, Mersenne und Pascal.

Fermat studierte Jura und arbeitete einen großen Teil seines Lebens in Toulouse, wo er die angesehene Position eines Rechtsanwalts im Stadtparlament erhielt, wodurch er in seiner Freizeit seiner eigentlichen Leidenschaft nachgehen konnte, der Mathematik. Sein Hauptinteresse und der Bereich seiner größten Errungenschaften war die Zahlentheorie. Eine seiner Hypothesen (dass die Gleichung $x^n + y^n = z^n$ keine ganzzahligen Lösungen für $n > 2$ hat) blieb bis ins 20. Jahrhundert unbewiesen.

Er leistete auch einen wesentlichen Beitrag zur Geometrie und zur Bestimmung der Grenzen von Funktionen zur Lösung von Optimierungsproblemen vor der Entwicklung der Differentialrechnung. Seine Korrespondenz mit Pascal aus dem Jahr 1654 ist der erste bekannte, relevante Versuch zur Definition eines Wahrscheinlichkeitskonzeptes.

Die Zähmung des Glücks: die mathematische Untersuchung von Wahrscheinlichkeiten

Beginnen wir mit den beiden Spielen, die vom Chevalier de Méré gespielt wurden. Eine konkrete Formulierung des ersten Spiels lautet: Mit welcher Wahrscheinlichkeit würfelt man wenigstens einmal sechs Punkte, wenn man einen Würfel vier Mal wirft? Um dieses Problem zu lösen, kann ein Grundprinzip der Wahrscheinlichkeitstheorie angewandt werden, wobei die Wahrscheinlichkeit, dass ein Ereignis oder dessen Gegenteil eintritt, 1 ist. Deshalb müssen wir zunächst die Wahrscheinlichkeit berechnen, dass keine sechs Punkte fallen, wenn ein Würfel vier Mal geworfen wird. Es steht fest, wenn ein Würfel geworfen wird, gilt p (*nicht* 6) $= 5/6$. Wenn ein Würfel vier Mal geworfen wird, ist jeder Wurf unabhängig von den anderen Würfen, sodass die kombinierte Wahrscheinlichkeit bestimmt werden kann, indem die Wahrscheinlichkeiten jedes einzelnen Ereignisses miteinander multipliziert werden, sodass sich folgende Wahrscheinlichkeit ergibt

$$\left(\frac{5}{6}\right)\left(\frac{5}{6}\right)\left(\frac{5}{6}\right)\left(\frac{5}{6}\right)=\left(\frac{5}{6}\right)^4=\frac{625}{1.296}=0,482\ldots<\frac{1}{2}.$$

Es folgt daraus, dass die Wahrscheinlichkeit, dass wenigstens einmal 6 Punkte geworfen werden, folgendermaßen lautet:

$$1-\frac{625}{1.296}=\frac{671}{1.296}=0,518>\frac{1}{2}.$$

Damit haben wir bewiesen, dass es von Vorteil ist zu wetten, dass bei vier Würfen wenigstens einmal 6 Punkte fallen, wie der Chevalier de Méré angenommen hat.

Das zweite Problem kann auf ähnliche Weise gelöst werden: Mit welcher Wahrscheinlichkeit würfelt man wenigstens eine Doppelsechs, wenn man zwei Würfel 24 Mal wirft? Auch hier müssen wir zunächst die Wahrscheinlichkeit berechnen, dass keine Doppelsechs geworfen wird. Beim Werfen von zwei Würfeln ist p (keine Doppelsechs) = 35/36. Demnach erhalten wir für 24 Würfe:

$$p\text{ (keine Doppelsechs)}=\left(\frac{35}{36}\right)^{24}=0,5086.$$

Auf der Grundlage dieses Ergebnisses ist deutlich, dass die Wahrscheinlichkeit, wenigstens eine Doppelsechs zu werfen, folgendermaßen lautet:

$$1-0,5086=0,4914<1/2.$$

Die Spiele, die wir soeben analysiert haben, werden als die ersten Wahrscheinlichkeitsprobleme betrachtet, die in der Vergangenheit gelöst wurden. Wir haben dabei bereits eine ganze Reihe von Definitionen und Eigenschaften benutzt, die die Grundlagen der Wahrscheinlichkeitstheorie bilden.

Achilles und Ajax beim Würfelspiel auf einer der bekanntesten Athener Amphoren aus Schwarzkeramik. Sie datiert aus dem 6. Jahrhundert v. Chr. und ist nur ein Beweis für das große Zeitalter der Spiele.

PIERRE SIMON LAPLACE (1749–1827)

Laplace war einer der großen Mathematiker des 18. Jahrhunderts. Er studierte Theologie und Mathematik und unterrichtete an der Königlichen Militärakademie in Paris und der École Normale Supérieure. Während der Französischen Revolution leistete er einen Beitrag zur Entwicklung des Einheitensystems. Unter dem Kommando Napoleons war er Mitglied und Kanzler des Senats und erhielt er im Jahr 1805 die Ehrenmedaille. Mit der Neubildung des Hauses Bourbon wurde Laplace zum leidenschaftlichen Verteidiger Ludwigs XVIII., der ihm 1817 den Titel Marquis verlieh.

Sein vielleicht größter Beitrag zur Wissenschaft ist sein zwischen 1799 und 1825 erschienenes fünfbändiges *Traité de Mécanique Céleste*, in dem er die früheren Arbeiten von Newton, Halley und Euler über Gravitation und den Beweis der Stabilität des Sonnensystems vervollständigte.

Ab 1780 arbeitete Laplace mit der Wahrscheinlichkeit und veröffentlichte dazu später sein Hauptwerk *Théorie Analytique des Probabilités* (1812), das als erstes Buch in diesem Bereich betrachtet wird. Der Erfolg dieses Titels veranlasste ihn zum *Essai Philosophique sur les Probabilités* (1814), der als vereinfachte Version seiner analytischen Wahrscheinlichkeitstheorie betrachtet werden kann. Das Werk beinhaltet die vollständigste und stimmigste Argumentation für eine deterministische Konzeptuierung des Universums. In dieser Hinsicht behauptete Laplace selbst: „Aus diesem Essay geht hervor, dass die Wahrscheinlichkeitstheorie ausschließlich auf Berechnungen reduzierte Vernunft ist (...). Es gibt keine wertvollere Wissenschaft, die unserer Betrachtung bedarf, und keine nützlichere Wissenschaft, die in unser öffentliches Bildungssystem integriert werden könnte."

Diese Eigenschaften, von denen viele in der vorgenannten Korrespondenz zwischen Pascal und Fermat behandelt und anschließend im Werk von Laplace über die Wahrscheinlichkeit bewiesen wurden, werden im Folgenden näher betrachtet, einschließlich einiger Beispiele bedeutender Würfelspiele.

	Ereignis	Wahrscheinlichkeit
1	Für ein Ereignis *E* gilt immer die folgende Bedingung: $0 \leq p(E) \leq 1$	Wenn ein Würfel geworfen wird, ist die Wahrscheinlichkeit, dass eine bestimmte Zahl zwischen 1 und 6 fällt (beispielsweise 5), 1/6, denn es gibt 6 mögliche Ereignisse, von denen nur eines gewünscht ist (nämlich dass die Zahl 5 fällt).
2	Wenn *E* sicher ist, gilt p $(E) = 1$ und wenn *E* unmöglich ist, $p(E) = 0$	Wenn ein Würfel geworfen wird, ist die Wahrscheinlichkeit, dass die Zahl 7 geworfen wird gleich 0 (das Ereignis ist unmöglich), während die Wahrscheinlichkeit, eine Zahl größer 0 und kleiner 7 zu werfen 1 ist (das Ereignis ist sicher).
3	p (nicht E) $= 1 - p(E)$	Wenn ein Würfel geworfen wird, p (eine 6 werfen) = 1 – p (keine 6 werfen). Bei vier Würfen erhalten wir: p (wenigstens eine 6 werfen) = 1 – p (keine 6 werfen).
4	Und wenn *A* und *B* unterschiedliche Ereignisse sind, p (*A* oder *B*) $= p(A) + p(B)$	Wenn ein Würfel geworfen wird, p (eine gerade Zahl oder eine 5 werfen) = p (gerade Zahl) + p (5) = 1/2 +1/6 = 2/3.
5	Wenn *A* und B unabhängige Ereignisse sind p (*A* und B) $= p(A) \cdot p(B)$	Wenn zwei Würfel geworfen werden, keine 6 werfen: p (mit zwei Würfen keine 6 werfen) = p (keine 6) · p (keine 6) = 5/6 · 5/6 = 25/36.

DAS TEILUNGSPROBLEM

Wir werden jetzt einen Blick auf eines der frühesten Wahrscheinlichkeitsprobleme werfen: Rohan und Penny spielen ein Wettspiel, bei dem der Spieler, der zuerst 10 Punkte erreicht, gewinnt. In jeder Runde haben die beiden Spieler die gleiche Chance zu gewinnen und der Gewinner erhält einen Punkt. Am Ende der siebzehnten Runde steht es 9 zu 8 für Penny. Das Spiel wird anschließend unterbrochen, und weil keiner der beiden Spieler 10 Punkte erreicht hat, beschließen die Spieler das bisher gewonnene Geld aus dem Wettspiel zu teilen. Wie wird das Geld geteilt?

Die „korrekte" Lösung dieses Problems kann von Aspekten abhängen, die strenggenommen nicht mathematischer Natur sind, sodass es mehr als eine „akzeptable Lösung" gibt. Dennoch ermöglicht eine Analyse der Chancen, die beide Spieler hatten, das Spiel zu gewinnen, das Geld auf der Grundlage der Wahrscheinlichkeit zu verteilen.

Es müssen tatsächlich noch höchstens zwei weitere Runden gespielt werden, um das Spiel zu beenden. Es gibt vier mögliche (und gleichermaßen wahrscheinliche) Ergebnisse für diese beiden Runden: (P, P), (P, R), (R, P), (R, R), wobei P bedeutet, dass Penny gewinnt, und R, dass Rohan gewinnt. Bei drei Spielrunden wird Penny, die nur noch einen Punkt benötigt, gewinnen. Rohan wird nur bei einer Spielrunde gewinnen (der Letzten). Aus diesem Grund sollte das Geld im Verhältnis 3:1, das heißt 3/4 für Penny und 1/4 für Rohan aufgeteilt werden.

Ein weiteres Problem aus der Korrespondenz zwischen Pascal und Fermat bezieht sich auf ein Wettspiel und insbesondere auf die Frage, wie der Gewinn unter den Spielern zu verteilen ist, wenn das Spiel zu einem beliebigen Zeitpunkt unterbrochen wird. Dieses Problem, das als *Teilungsproblem* bekannt ist, wurde zuerst von Cardano behandelt, der eine Lösung auf der Grundlage der bereits von jedem Spieler erzielten Punkte vorgeschlagen hatte und nicht auf der Grundlage der Wahrscheinlichkeit, mit der jeder Spieler bei einer Fortsetzung des Spiels bis zum Ende gewinnen würde.

Eine Zählfrage. Spielt die Reihenfolge eine Rolle?

Es soll noch einmal daran erinnert werden, dass die Wahrscheinlichkeit, dass ein Ereignis eintritt, anhand der folgenden Regel berechnet werden kann: P (Ereignis) = gewünschtes Ereignis/mögliche Ereignisse. Mit anderen Worten: Es wird die Häufigkeit bestimmt, in der ein Ereignis auftreten kann, und anschließend durch die Zahl der möglichen Ereignisse geteilt. In einigen Fällen ist die Berechnung sehr einfach. Beispielsweise die Berechnung der Wahrscheinlichkeit, beim Werfen eines Würfels eine gerade Zahl zu werfen. Es gibt drei gewünschte Ereignisse (eine 2, 4 oder 6 werfen) aus einer Gesamtzahl von 6 möglichen Ereignissen, also p (gerade) = 3/6 = 0,5. Wenn die Zahl der möglichen Ereignisse also sehr klein ist, können die gewünschten Ereignisse einfach gezählt werden, indem alle Ereignisse aufgelistet werden. Es gibt aber auch Situationen, in denen das Zählen der gewünschten und/oder möglichen Ereignisse erheblich komplizierter sein kann, weshalb es wichtig ist, die Situation richtig zu erfassen und Methoden zur Berechnung der Zahl der Ereignisse zu finden. Dies wiederum bedeutet, dass ein wesentlicher Bestandteil der Analyse eines Glücksspiels oder einer anderen beliebigen Situation mit einer bestimmten Komplexität daraus besteht, alle Ereignisse aufzulisten und richtig zu zählen. Im Folgenden werden einige Situationen analysiert werden, um verschiedene Wege des Zählens aufzuzeigen.

Situation 1

In einem Wettrennen mit 12 Läufern, wie viele verschiedene Podestaufstellungen (der ersten drei Plätze) gibt es? Jeder der 12 Läufer kann das Rennen gewinnen. In allen Fällen gilt, dass 11 Läufer das Rennen auf der zweiten Position beenden können und 10 Läufer auf der dritten Position. Die Anzahl der verschiedenen Podestsaufstellungen ist also $12 \cdot 11 \cdot 10 = 1.320$. In diesem Problem wurde die Anzahl von Dreiergruppen aus einer Gruppe von insgesamt 12 Läufern ermittelt, und zwar unter Berücksichtigung der Reihenfolge, in der das Rennen beendet wird. In diesem Fall entspricht die Reihenfolge

1, 2, 3 nicht der Reihenfolge 2, 3, 1, selbst wenn in beiden Fällen dieselben Läufer auf dem Podest stehen. Im ersten Fall hat Läufer 1 das Rennen gewonnen (Läufer 2 belegt den zweiten Platz und Läufer 3 den dritten Platz), während im zweiten Fall Läufer 2 das Rennen gewonnen hat (Läufer 3 belegt den zweiten Platz und Läufer 1 den dritten Platz).

Das vorstehende Beispiel ist als Anzahl der Variationen von 3 aus 12 Elementen ($V_{12,3}$) bekannt und wird, wie wir gesehen haben, aus dem Produkt von 12 · 11 · 10 gebildet. Im Allgemeinen wird die folgende Formel verwendet, um die Zahl der Variationen von n aus m Elementen (wobei $n < m$) zu berechnen:

$$A_m^n = m \cdot (m - 1) \cdot (m - 2) \cdot \ldots \cdot (m - n + 1).$$

Situation 2

In wie vielen unterschiedlichen Reihenfolgen kann beim Bridge eine Hand mit 13 Karten angeordnet werden?

Wenn wir bei 13 Karten die Zahl der möglichen Reihenfolgen, in denen die Karten angeordnet werden können, zählen möchten, gibt es 13 Möglichkeiten für die erste Karte, 12 Möglichkeiten für die zweite Karte, 11 Möglichkeiten für die dritte Karte usw. bis zur letzten Karte, für die es nur eine Möglichkeit gibt – die einzige verbleibende Karte. Die Gesamtzahl der möglichen Reihenfolgen ist also:

$$13 \cdot 12 \cdot 11 \cdot \ldots \cdot 3 \cdot 2 \cdot 1 = 13! = 6.227.020.800.$$

Die vorgenannte Operation ist als Anzahl der Permutationen aus 13 Elementen bekannt und das Ergebnis kann ebenfalls mithilfe der Fakultätsschreibweise dargestellt werden, wobei ein Ausrufezeichen hinter die erste Zahl (hier 13!) gesetzt wird. Im Allgemeinen entspricht $n!$ dem Ergebnis der Multiplikation von n mit allen vorstehenden Zahlen bis zur Zahl 1. Eine Tabelle wie die Folgende mit den ersten 12 Fakultäten vermittelt einen Eindruck von der Entwicklung dieser Zahlenreihe:

1!	1	7!	1 · 2 · 3 · 4 · 5 · 6 · 7 = 5.040
2!	1 · 2 = 2	8!	1 · 2 · 3 · 4 · 5 · 6 · 7 · 8 = 40.320
3!	1 · 2 · 3 = 6	9!	1 · 2 · 3 · 4 · 5 · 6 · 7 · 8 · 9 = 362.880
4!	1 · 2 · 3 · 4 = 24	10!	1 · 2 · 3 · 4 · 5 · 6 · 7 · 8 · 9 · 10 = 3.628.800
5!	1 · 2 · 3 · 4 · 5 = 120	11!	1 · 2 · 3 · 4 · 5 · 6 · 7 · 8 · 9 · 10 · 11 = 39.916.800
6!	1 · 2 · 3 · 4 · 5 · 6 = 720	12!	1 · 2 · 3 · 4 · 5 · 6 · 7 · 8 · 9 · 10 · 11 · 12 = 479.001.600

Das Zählen ist ein wesentlicher Aspekt bei Kartenspielen.
Kartenspieler, *ein Gemälde von Lucas van Leyden (1520).*

Situation 3

Wie viele mögliche Gruppen können beim Bridge ausgeteilt werden, wenn man ein Kartenspiel mit 52 Karten hat?

In diesem Fall müssen wir die Anzahl der verschiedenen Gruppen mit jeweils 13 Karten berechnen, die aus einer Gesamtkartenzahl von 52 Karten gebildet werden kann, wobei berücksichtigt werden muss, dass, wenn 13 Karten ausgewählt wurden, ihre Reihenfolge irrelevant ist. Ein möglicher Weg zur Berechnung der verschiedenen Gruppen besteht darin anzunehmen, dass, wenn die Reihenfolge eine Rolle spielen würde, die Gesamtzahl folgendermaßen lauten würde:

$$52 \cdot 51 \cdot 50 \cdot \ldots \text{ (13 Zahlen) } \ldots \cdot 42 \cdot 41 \cdot 40 = 3{,}95424 \times 10^{21}.$$

Da die Reihenfolge jedoch keine Rolle spielt, müssen wir berücksichtigen, dass jede Gruppe mit 13 Karten 13! Mal (die Permutationszahl von 13) gezählt wurde, was bedeutet, dass die Anzahl der verschiedenen Gruppen beim Bridge folgendermaßen lautet:

$$\frac{52 \cdot 51 \cdot \ldots \cdot 41 \cdot 40}{13!} = \frac{52!}{39!\ 13!} = 635.013.559.600\,.$$

Beachten Sie, dass die Zahlen, die wir erhalten haben, enorm sind. Im ersten Beispiel, in dem die Reihenfolge berücksichtigt wird, erhält man eine 22-stellige Zahl. Im zweiten Beispiel, in dem die Reihenfolge nicht berücksichtigt wird, erhält man eine 12-stellige Zahl. Diese Zahlen können mit dem Alter des Universums verglichen werden: $1{,}5 \cdot 10^{10}$ Jahre, was in Sekunden ausgedrückt ungefähr $4{,}7 \cdot 10^{17}$ Sekunden wären. Das bedeutet, dass die erste Zahl ($3{,}9 \cdot 10^{21}$) mehr als 8.000 Mal die Zahl der Sekunden beträgt, die seit dem Urknall vergangen sind, während die zweite Zahl ($6{,}3 \cdot 10^{11}$) 42 Mal die Zahl der Jahre beträgt, die seit der Entstehung des Universums vergangen sind.

Die vorgenannte Situation ist bekannt als die Zahl der Kombinationen von 13 Elementen aus 52 ($C_{52,13}$) und wird mithilfe der folgenden Operation berechnet: 52! / (39! · 13!). Um die Zahl der Kombinationen von n aus m Elementen (wobei $n < m$) zu berechnen, muss die folgende Berechnung durchgeführt werden:

$$C_{m,n} = \frac{m!}{(m-n)!\,n!}.$$

Situation 4

Wenn das Finale eines Fußballturniers unentschieden endet, folgt ein Elfmeterschießen, bei dem im Allgemeinen 5 unterschiedliche Schützen antreten. Wie viele Spieleraufstellungen können aus einer Mannschaft mit 11 Spielern gebildet werden, um festzulegen, wer die Schützen sein werden?

In einem solchen Fall ist nicht klar, ob die Reihenfolge eine Rolle spielt, und es sind beide Interpretationen zugelassen. Es gibt zwei mögliche Interpretationen des vorstehenden Problems.

a) Die Bildung von Gruppen mit 5 Spielern, sodass zwei unterschiedliche Gruppen wenigstens einen unterschiedlichen Spieler haben. In diesem Fall wird die Anzahl der Kombinationen von 5 aus 11 Elementen folgendermaßen berechnet:
$$11!/(5!\,6!) = 462.$$
b) Diejenigen, die das Spiel kennen, werden wissen, dass jedes Team dem Schiedsrichter eine Liste mit den Spielern in der Reihenfolge, in der sie antreten werden, aushändigen muss. Deshalb werden zwei Listen mit denselben Spielern in unterschiedlicher Reihenfolge als unterschiedliche Listen betrachtet. Aus diesem Grund muss die Anzahl der Kombinationen von 4 aus 11 Elementen berechnet werden:

$$11!/6! = 55.440.$$

Lotteriezahlen und andere falsche Intuitionen

Lesen Sie das folgende Gespräch:

„Geben Sie mir ein Los für die Lotterie.“
„Hier, nehmen Sie das Los mit der Nummer 00010.“
„Das Los möchte ich nicht. Es ist zu niedrig und wird niemals gezogen.“
„Wenn Sie möchten, gebe ich Ihnen noch gratis die 00001 dazu. Sie können zwei Lose zum Preis von einem haben.“
„Ich möchte auch das nicht. Es wird noch weniger gezogen.“
„Okay, ich habe noch die Nummer 74283.“
„Das mag ich! Ich nehme das Los und danke, dass ich es umtauschen durfte.“

Wir alle haben unsere eigenen Vorstellungen vom Glück und den Regeln des Spiels. Wenn wir allerdings offensichtlich einfachen Wahrscheinlichkeitsproblemen begegnen, schleichen sich Zweifel ein, die häufig viel ausgeprägter sind als bei anderen mathematischen Fragestellungen oder Spielen. Wenn wir versuchen, ein mathematisches Modell für das Glück mithilfe der Wahrscheinlichkeit aufzustellen, müssen wir jede der Situationen im Detail analysieren. Vielleicht ist das vorstehende Gespräch eine Übertreibung, aber es versucht zu zeigen, wie fern vom Alltag die grundlegendsten Regeln der Wahrscheinlichkeit sind, insbesondere wenn es um Glücksspiele geht. So sind Sport- und andere Wetten ein Beispiel dafür, wie wenig sich die Allgemeinheit mit der Berechnung von Wahrscheinlichkeiten beschäftigt. Auch wenn sie zeigt, dass viele Spiele mit sehr hoher Wahrscheinlichkeit verloren werden und dass sogar Spieler, die jede Woche wetten, sehr wahrscheinlich niemals gewinnen werden, machen die Leute einfach weiter mit dem altbekannten Argument, dass eines Tages sie an der Reihe sein werden. Dasselbe Argument wird allerdings nicht benutzt, wenn wir uns ins Auto setzen und die Wahrscheinlichkeit berechnen, in einen Unfall verwickelt zu werden.

Die Launen der Wahrscheinlichkeit

Im Folgenden werden wir einige merkwürdige Beispiele betrachten für die Wahrscheinlichkeit, ein Spiel zu gewinnen oder einen glücklichen Zug zu machen, die hoffentlich dazu beitragen werden, dass Sie über Ihr Bauchgefühl nachdenken und dieses gelegentlich in Zweifel ziehen. Alle diese Spiele und Fragestellungen werden zeigen, dass unser Wissen vom Zufall in der Regel weniger fundiert ist als wir denken, sodass uns unsere Instinkte oft das Gegenteil von dem glauben lassen, was wahrscheinlich passieren wird.

Boulespiel

Zwei Freunde, John und Charles, die beide leidenschaftliche Boule-Spieler sind, unterhalten sich mit dem folgenden Spiel: John hat zwei Kugeln und Charles nur eine Kugel. Sie legen die Zielkugel aus und werfen die Kugeln. Wenn beide Spieler gleich gut sind, wie hoch ist dann die Wahrscheinlichkeit, dass eine von Johns Kugeln am nächsten an der Zielkugel liegen wird?

Die Antwort scheint 2/3 zu lauten, da die einzige Kugel von Charles die erste, zweite oder dritte Kugel sein kann und in den beiden letzten Situationen die Kugeln von John am nächsten sind. Wenn wir das Problem allerdings aus einem anderen Blickwinkel betrachten, erhalten wir vier unterschiedliche Lösungen: Die beiden Kugeln von John könnten vor der Kugel von Charles liegen bleiben oder dahinter, oder eine könnte davor liegen bleiben und die andere dahinter und umgekehrt. Unter diesen Bedingungen wäre Charles in nur einer der Situationen der Gewinner, aber die Wahrscheinlichkeit, dass Johns Kugeln näher an der Zielkugel liegen werden, ist auf 3/4 gestiegen. Aber welche der beiden Argumentationen ist korrekt? Und warum?

Die erste Argumentationsmethode ist die Richtige. Wenn die Kugeln nicht markiert sind, gibt es drei mögliche Szenarien. Sind die Kugeln allerdings markiert, beträgt die Zahl der Ergebnisse 6 und in 4 davon wäre eine der Kugeln von John der Zielkugel am nächsten. Die zweite Argumentation ist falsch, denn nur eines der möglichen allgemeinen Ergebnisse wurde durch zwei geteilt – wenn sich die Kugel von Charles in der Mitte befindet –, um die spezifischen Positionen von Johns Kugeln zu berücksichtigen. Wenn wir dies bei einem allgemeinen Szenario tun, müssen wir dies auch beim anderen tun – wenn die Kugel von Charles die erste und die letzte Kugel ist.

Ein Standardwürfel

Brenda und Roger haben einen Standardwürfel, das heißt, die sechs Seiten des Würfels haben zwischen einem und sechs Punkte. Zuerst würfelt Brenda und anschließend Roger. Mit welcher Wahrscheinlichkeit ist die Zahl, die Brenda würfelt, höher als die von Roger? Es ist deutlich, dass die Wahrscheinlichkeit der Zahlen 1/6 ist (Roger hat eine Chance von 1 zu 6, dieselbe Zahl zu würfeln wie Brenda). Die Wahrscheinlichkeit, dass zwei unterschiedliche Zahlen geworfen werden, beträgt also 5/6. Die Wahrscheinlichkeit, dass Brendas Zahl höher sein wird, ist also die Hälfte davon, nämlich 5/12.

Wie hoch ist die Wahrscheinlichkeit zu gewinnen?

Nehmen wir an, Sie haben drei unterschiedlich farbige Würfel. Einen roten Würfel mit den Zahlen 2, 4 und 9, wobei jede Zahl zweimal vorkommt. Einen blauen Würfel mit den

Ein Fresko aus dem 1. Jahrhundert aus Pompeji zeigt Würfelspieler.

Zahlen 3, 5 und 7, bei dem ebenfalls jede Zahl zweimal vorkommt. Und einen weißen Würfel mit den Zahlen 1, 6 und 8, die wie bei den anderen Würfeln ebenfalls doppelt sind. Das Spiel wird von zwei Spielern gespielt, die abwechselnd einen Würfel werfen, wobei der Spieler mit der höchsten Punktzahl gewinnt. Wenn man nun den Gegenspieler immer zuerst einen Würfel auswählen lässt, kann man selbst immer einen Würfel auswählen, der eine hohe Gewinnchance bietet. Wie ist dies möglich? Welchen Würfel sollten Sie wählen?

Ungeachtet der Tatsache, dass die Summe der Zahlen auf allen Würfeln gleich ist, ergibt sich hier ein Überraschungseffekt. Der blaue Würfel schlägt den roten Würfel, der weiße Würfel schlägt den blauen Würfel, und der rote Würfel schlägt den weißen Würfel. In allen Paarungen, ausgehend von neun Würfen, werden durchschnittlich fünf Würfe vom ersten Spieler gewonnen und vier Würfe vom zweiten Spieler. Das bedeutet, dass die Wahrscheinlichkeit, die einfach berechnet werden kann, indem alle möglichen Ereignisse für jedes Würfelpaar analysiert werden, bei 5/9 für das Gewinnen mit einem Würfel liegt und bei 4/9 für das Gewinnen mit dem anderen Würfel. Wenn die Spieler also immer den richtigen Würfel auswählen, wird der zweite Spieler, der einen Würfel auswählen kann, immer eine höhere Gewinnchance haben.

Eine umstrittene Wahl

Ein Lehrer beschließt, einen Preis unter den 30 Schülern seiner Klasse auszusetzen. Ein Schüler schlägt vor, 30 Papierstücke zu nehmen, diese zu markieren, zu falten und zu mischen und jedem Schüler einen auszuhändigen. Der Lehrer schlägt eine einfachere und schnellere Methode vor: „Ich denke mir eine Zahl zwischen 1 und 30 aus und schreibe sie auf ein Blatt Papier. Anschließend schlägt jeder Schüler in Sitzreihenfolge eine andere Zahl vor, bis einer die Zahl errät, die ich mir ausgedacht habe.“ Ein Schüler im hinteren Teil des Klassenzimmers ist dagegen, weil er aus einer viel geringeren Zahlenmenge auswählen kann als die Schüler, die vor ihm sitzen, und wahrscheinlich hätte er nicht einmal eine Chance, eine Zahl zu wählen, weil einer seiner Klassenkameraden zuerst die richtige Zahl nennen würde. Liegt der Schüler richtig oder hat der Lehrer einen fairen Weg gefunden, eine Zahl auszuwählen?

Die Methode des Lehrers ist absolut fair und jeder Schüler hat dieselbe Chance, die richtige Zahl zu nennen, nämlich 1/30. Tatsächlich liegt die Wahrscheinlichkeit für den ersten Schüler, die richtige Zahl zu nennen, bei 1/30, denn es gibt 30 Zahlen, aus denen er auswählen kann. Die Wahrscheinlichkeit für den zweiten Schüler ist: $29/30 \cdot 1/29 = 1/30$ oder die Wahrscheinlichkeit, dass der erste Schüler falsch liegt (29/30) und er richtig (1/29). Für den dritten Schüler beträgt die Wahrscheinlichkeit $29/30 \cdot 28/29 \cdot 1/30 = 1/30$ usw. bis zum letzten Schüler. Beachten Sie zudem, dass die Wahrscheinlichkeit für den ersten Schüler 1/30 ist. Wenn sich die Wahrscheinlichkeit für die anderen Schüler verringern würde, wäre die Summe der Wahrscheinlichkeiten nicht 1. Das wäre unmöglich, denn wenn alle Zahlen berücksichtigt werden, wird eine immer richtig sein.

Eine uninteressante Wette

Ein Roulette-Spieler setzt immer auf eine gerade oder ungerade Zahl (gewinnt der Spieler, verdoppelt sich sein Einsatz, verliert er, ist sein Einsatz verloren). Der Spieler denkt sich die folgende Strategie aus: Er beginnt mit einer bestimmten Geldsumme und setzt jeweils 1/10 der zum betreffenden Zeitpunkt verbleibenden Summe. Wenn er mit 100 Euro beginnt und anschließend 10 Mal nacheinander spielt, wobei er 5 Spiele gewinnt und 5 Spiele verliert, hat er anschließend mehr Geld, weniger Geld oder genauso viel Geld wie zu Spielbeginn? Das Problem kann verallgemeinert werden, wenn angenommen wird, dass der Spieler mit einer beliebigen Geldsumme m beginnt und jeweils $1/n$ der zum betreffenden Zeitpunkt verbleibenden Summe setzt.

Obwohl es so aussieht, dass unser Spieler nach 10 Spielen, von denen er 5 gewinnt und 5 verliert, dieselbe Geldsumme haben wird wie zu Beginn, wird er tatsächlich weniger Geld haben. Wenn er ein Spiel gewinnt, erhöht sich der Betrag um 1/10, was einer

Diese Darstellung aus dem 18. Jahrhundert zeigt Karikaturen von Spielern von „Gerade/Ungerade", einem Vorläufer des Roulettes.

Multiplikation der Geldsumme mit 1,1 entspricht. Wenn der Spieler verliert, verliert er 1/10, was einer Multiplikation mit 0,9 entspricht. Auf diese Weise erhalten wir (mit 5 gewonnenen und 5 verlorenen Spielen): $100 \cdot (1{,}1)^5 \cdot (0{,}9)^5 = 100 \cdot 1{,}61051 \cdot 0{,}59049 = 100 \cdot 0{,}95099 \approx 95{,}099$ Euro, sodass der Spieler fast 5 Euro verliert. Diese Argumentation kann verallgemeinert werden und die Tatsache, dass das Endergebnis immer niedriger sein wird als die Ausgangszahl basiert auf dem Fakt, dass $(1 + 1/n) \cdot (1 - 1/n) = 1 - 1/n^2$, was weniger als 1 ist, weil eine Zahl, die mit einer Zahl multipliziert wird, die weniger als 1 ist, immer niedriger sein wird.

Gemeinsamer Geburtstag

Hier ein weiteres grundlegendes Problem mit einem überraschenden Ergebnis: Mit welcher Wahrscheinlichkeit haben wenigstens zwei Personen aus einer Gruppe von 25 Personen am selben Tag Geburtstag? Unter der Annahme, dass das Jahr 365 Tage hat (keine Schaltjahre) und dass die Gruppe nur aus 25 Personen besteht, würde man in der Regel instinktiv vermuten, dass die Wahrscheinlichkeit sehr gering sein wird, zumindest weniger als 0,5 (eher unwahrscheinlich), während eine Berechnung anhand der Grundsätze der Wahrscheinlichkeit zeigt, dass diese tatsächlich höher ist als 0,5 (eher wahrscheinlich).

Wenn wir davon ausgehen, dass es möglich ist, dass eine oder mehr Personen am selben Tag geboren sind, müssen wir lediglich die Wahrscheinlichkeit berechnen, dass alle Personen an unterschiedlichen Tagen geboren sind. Hierzu stellen wir eine Reihenfolge der 25 Personen auf. Die erste Person kann an jedem der 365 Tage geboren sein, die zweite Person an einem der verbleibenden 364 Tage, die dritte Person an einem der verbleibenden 363 Tage usw. Deshalb ist die Wahrscheinlichkeit, dass alle 25 Personen an unterschiedlichen Tagen geboren wurden:

$$p\ (\text{anderer Tag}) = \frac{365}{365} \cdot \frac{364}{365} \cdot \frac{363}{365} \cdot \ldots \cdot \frac{341}{365}$$

$$= \frac{365!}{340!\ 365^{25}} \leqslant 0{,}4313.$$

Auf der Grundlage dieses Ergebnisses können wir festhalten: Die Wahrscheinlichkeit, dass wenigstens zwei Personen am selben Tag geboren sind, beträgt 1 – 0,4313 = 0,5687 > 1/2. Damit die Wahrscheinlichkeit höher als 1/2 ist, benötigen wir tatsächlich nur eine Gruppe von mindestens 23 Personen.

Glück hat keine Erinnerung

Einer der Aspekte, bei dem uns unsere Intuition häufig einen Streich spielt, ist die Bestimmung der Wahrscheinlichkeit von unabhängigen Ereignissen. Angenommen, wir beobachten ein Roulette-Spiel und es fällt 10 Mal nacheinander eine gerade Zahl. Beim nächsten Spiel müssen wir entscheiden, ob wir auf eine gerade oder ungerade Zahl setzen. Auf welche Zahl setzen Sie? Ohne Zweifel können wir mit dem rudimentärsten Wissen über die Wahrscheinlichkeit sagen, dass es keine Rolle spielt, denn die Wahrscheinlichkeit, dass eine gerade oder ungerade Zahl fällt ist gleich hoch. Diese Vorstellung, die ihren Ausdruck häufig in dem Spruch „das macht keinen Unterschied“ findet, ist nicht immer so einfach zu erkennen, wie unsere Analyse der folgenden Situationen zeigen wird.

Der Münzwurf

Ein Mathematiklehrer bittet seine Schüler eine Münze mehrere Male zu werfen, beispielsweise 150 Mal, und die Ergebnisse aufzuschreiben, und zwar bei Kopf eine 1 und bei Zahl eine 0. Das sind die Ergebnisse, die von zwei Schülern notiert wurden:

Rasha: 01011001100101011011010001110001101101010110010001
010100111001101011001011001011001001011101100110110
01010010110010101100010011010110011101110101100011.

Luke: 10011101111010011100100111001000111011111101010101
11100001010001010010000010001100010100000000011001
00001001111100001101010010010011111101001100011010.

Der Lehrer betrachtet die Ergebnisse und entscheidet, dass etwas falsch ist. Während ein Schüler die Aufgabe korrekt ausgeführt hat, hat der andere eine beliebige Folge von Nullen und Einsen aufgeschrieben, ohne die Münze zu werfen. Bedauerlicherweise haben die Schüler noch immer eine falsche Vorstellung vom Zufall und deshalb entdeckt der Lehrer schnell, dass einer der Schüler betrogen hat. Welcher der Schüler hat keine Münze geworfen? Die regelmäßige Verteilung der Nullen und Einsen bei Rasha lässt den Lehrer vermuten, dass sie betrogen hat. Wenn die Verteilungen von Rasha und Luke allerdings miteinander verglichen werden, kann einerseits gesehen werden, dass die Anzahl der Nullen und Einsen bei beiden ähnlich ist und „vernünftig" (78 und 72 im ersten Fall und 70 und 80 im zweiten Fall), wobei im Fall von Rasha die Gruppen von Nullen und Einsen sehr klein sind (höchstens Dreiergruppen), während die Reihe von Luke auch Gruppen von vier, fünf und sogar neun gleichen Zahlen enthält. Der Lehrer hat seine Hauptverdächtige gefunden.

Die Analyse der vorstehenden Informationen im Hinblick auf die bedingte Wahrscheinlichkeit und unter Berücksichtigung, dass jeder Wurf unabhängig ist von den vorhergehenden Würfen, verdeutlicht, dass nach einer 1 eine Reihe von „vernünftig" verteilten Einsen und Nullen kommen muss. Tatsächlich kommen in Rashas Verteilung nach einer Eins 47 Einsen und 30 Nullen, nach zwei Einsen nur 5 Einsen und 18 Nullen und nach 5 Sequenzen mit jeweils drei Einsen immer eine Null. Es kann beobachtet werden, dass diese eindeutige Abweichung auch auftritt, wenn man die Sequenzen mit Nullen in Rashas Verteilung betrachtet, während dies bei den Ergebnissen von Luke nicht der Fall ist (beispielsweise kommen nach zwei Einsen 18 Einsen und 14 Nullen und nach drei Einsen 9 Einsen und 9 Nullen). Demnach machte Rashas Version des Zufalls aufgrund der fehlenden Unregelmäßigkeiten den Lehrer auf ihren Betrug aufmerksam.

Dennoch erreicht die Entscheidung bezüglich des Einflusses von Informationen über eine (eventuelle) Modifizierung von Wahrscheinlichkeiten in der folgenden Situation ihren interessantesten Punkt. Das nachfolgend beschriebene Spiel, eine Adaption des klassischen „Gefangenendilemmas", zeigt die Schwierigkeit in der Argumentation, wie eine bestimmte Information die Wahrscheinlichkeit verändert.

DIE BESCHEIDENHEIT EINES ZWEIMALIGEN NOBELPREISTRÄGERS

Als der Chemiker Linus Pauling (1901–1994) seinen zweiten Nobelpreis erhielt (1954 erhielt er den ersten Nobelpreis für Chemie für seine Arbeit in der Quantenchemie, und 1962 erhielt er den Friedensnobelpreis für seine Kampagne gegen Atomversuche) bemerkte er scherzhaft, dass es besonders schwer war, den ersten Nobelpreis zu gewinnen, denn die Wahrscheinlichkeit lag bei Eins zu sechs Milliarden (Weltbevölkerung), während es beim zweiten Preis weniger anstrengend war, denn die Wahrscheinlichkeit lag nur bei Eins zu einigen Hundert (die Zahl der noch lebenden ehemaligen Nobelpreisträger). Was ist das Problem bei dieser unterhaltsamen, aber falschen Argumentation?
Um sagen zu können, dass die Wahrscheinlichkeit, einen zweiten Nobelpreis zu erhalten ausschließlich von der Zahl der Personen abhängt, die bereits einen ersten Nobelpreis erhalten haben, müssen wir wissen, dass das Komitee beschlossen hat, den Preis einer Person zu verleihen, die bereits einen Nobelpreis erhalten hatte. Ohne diese Information, ist es (zumindest aller Wahrscheinlichkeit nach) ebenso schwer, den Preis zum zweiten Mal zu erhalten, da davon ausgegangen wird, dass das Komitee nicht berücksichtigt, ob der Kandidat zuvor bereits andere Preise erhalten hat. In diesem Fall ist bereits der Gedanke, den Gewinn eines Nobelpreises in Bezug auf die Wahrscheinlichkeit zu betrachten, ein Scherz, denn es ist offensichtlich nicht nur eine Frage des Glücks, sondern vielmehr eine Frage des Verdienstes.

Professor Linus Pauling im Unterricht.

Spielshow

Eine der Herausforderungen in einer Fernsehspielshow besteht darin, einen hinter einer Tür versteckten Preis zu finden. Dem Kandidaten werden drei Türen gezeigt und er muss sich für eine der Türen entscheiden (ohne diese zu öffnen). Der Moderator (der weiß, hinter welcher Tür sich der Preis versteckt) öffnet eine der Türen, die nicht ausgewählt wurden und hinter der sich der Preis nicht versteckt. Der Kandidat wird anschließend gebeten, sich noch einmal zwischen den beiden verbleibenden Türen zu entscheiden. Wenn sich der Kandidat nun für die andere, zuvor nicht von ihm ausgewählte Tür entscheidet, hat er dann eine größere Chance, den Preis zu gewinnen?

Es handelt sich hier um eine neue Variante eines berühmten und kontroversen Wahrscheinlichkeitsproblems, bei dem berücksichtigt werden muss, wie sich die Wahrscheinlichkeit für jede der Türen ändert. Wenn der Kandidat eine von drei Türen auswählt, beträgt die Wahrscheinlichkeit, dass er sich für die richtige Tür entscheidet, 1/3. Wenn der Moderator eine der anderen Türen (hinter der sich der Preis nicht befindet) öffnet, bleibt die Wahrscheinlichkeit der ersten Tür unverändert, weil bereits bekannt ist, dass hinter einer der beiden Türen sich kein Preis versteckt. Die Wahrscheinlichkeit der anderen, nicht ausgewählten Tür (die immer noch geschlossen ist) ändert sich von 1/3 in 2/3 (die Wahrscheinlichkeiten der beiden noch geschlossenen Türen müssen 1 ergeben). Deshalb sollten sich die Kandidaten immer für die andere Tür entscheiden, um die Gewinnwahrscheinlichkeit auf 2/3 zu erhöhen. Die Kontroverse, die dieses Problem erzeugt, besteht darin, dass sich die Wahrscheinlichkeit der Tür, die zuerst vom Kandidaten ausgewählt wurde, nicht ändert. Es wäre anders, wenn anstelle des Moderators, der eine der Türen öffnet, hinter der sich der Preis nicht befindet, der Kandidat eine der beiden nach seiner ersten Entscheidung übrigen Türen auswählen und fragen würde, ob sich der Preis dahinter befindet – der Moderator antwortet mit Ja oder Nein. In diesem Fall würde sich die Wahrscheinlichkeit, dass sich der Preis hinter der zuerst ausgewählten Tür versteckt, von 1/3 auf 1/2 erhöhen.

Das hier beschriebene Spiel veranlasst zu einer interessanten Verallgemeinerung. Angenommen, es gibt *n* Türen und hinter einer dieser Türen ist ein Preis versteckt. Der Kandidat wählt eine Tür (ohne diese zu öffnen) und der Moderator öffnet eine der anderen Türen, hinter denen der Preis nicht versteckt ist, und gestattet dem Kandidaten, eine andere Tür zu wählen. Der Moderator öffnet anschließend eine weitere Tür (aus den noch geschlossenen Türen, wobei er die zuletzt vom Kandidaten ausgewählte Tür nicht berücksichtigt), hinter der sich der Preis nicht versteckt, und gibt dem Kandidaten erneut die Chance, sich für eine andere Tür zu entscheiden. Das Spiel wird solange fortgesetzt, bis nur noch zwei geschlossene Türen übrig sind und sich der Kandidat zum letzten Mal entscheiden muss. Wie muss der Kandidat während des gesamten Spiels agieren, um die Wahrscheinlichkeit zu erhöhen, den Preis zu gewinnen? Wie hoch ist die Wahrscheinlichkeit, dass er das Spiel gewinnt?

Wenn wir von der Tatsache ausgehen, dass sich die Wahrscheinlichkeiten aller geschlossenen Türen ändern, wenn der Moderator eine Tür öffnet, mit Ausnahme der vom Kandidaten gewählten Tür, bedeutet dies, dass die Strategie, die die Gewinnwahrscheinlichkeit am meisten erhöht, darin besteht, sich nicht für eine andere Tür zu entscheiden, bis zwei Türen übrig bleiben, an welchem Punkt sich der Kandidat für die andere Tür entscheiden sollte und jetzt mit einer Wahrscheinlichkeit von $(n - 1) / n$ den Preis gewinnt. Übrigens liegt die Wahrscheinlichkeit, den Preis bei der ersten Entscheidung zu finden, bei $1/n$ (erinnern Sie sich, dass es n Türen gibt). Wenn sich der Kandidat nicht für eine andere Tür entscheidet bis nur noch zwei Türen übrig sind, wird die zuerst ausgewählte Tür immer noch eine Wahrscheinlichkeit von $1/n$ haben, während die andere Tür die Wahrscheinlichkeit $(n - 1) / n$ und somit die höchstmögliche Wahrscheinlichkeit hat. Wenn sich der Kandidat während des Spiels für eine andere Tür entscheidet, steht fest, dass, obwohl die Bestimmung der Wahrscheinlichkeit jetzt viel schwieriger ist (je nachdem, wie häufig sich der Kandidat für eine andere Tür entscheidet und zu welchem Zeitpunkt), alle über $1/n$ liegen (die Wahrscheinlichkeit jeder hat sich wenigstens einmal erhöht). Das bedeutet, dass bei zwei geschlossenen Türen keine eine Wahrscheinlichkeit von $(n - 1) / n$ haben wird. Wenn wir dieses Spiel eingehender betrachten möchten, können wir untersuchen, wie sich die Wahrscheinlichkeiten mit den verschiedenen Strategien ändern. Die Ergebnisse sind komplex, aber sehr interessant.

Mathematik und Erwartungen

Eines der wichtigsten Konzepte der Entscheidungsfindung bei Glücksspielen ist der sogenannte *Erwartungswert*. Betrachten wir einige Beispiele, bevor wir eine vollständige Definition für diesen Begriff finden. Nehmen wir an, es wird uns das folgende Spiel angeboten: Es werden zwei Münzen geworfen. Ist das Ergebnis zweimal Kopf, gewinnen wir € 4,00, bei zweimal Zahl gewinnen wir € 1,00. Wenn das Ergebnis einmal Kopf und einmal Zahl ist, verlieren wir € 3,00. Sollten wir an einer Teilnahme an diesem Spiel interessiert sein? Wie viel erwarten wir zu gewinnen – oder zu verlieren?

Es gibt vier mögliche Ergebnisse, wenn zwei Münzen geworfen werden: 2 x Kopf ($p = 1/4$), 2 x Zahl ($p = 1/4$), Kopf/Zahl ($p = 1/4$) und Zahl/Kopf ($p = 1/4$). Demnach ergeben vier Würfe das folgende Ergebnis: 2 x Kopf, 2 x Zahl und 4 x Kopf/Zahl. Das bedeutet, dass der Gewinn durchschnittlich 1 · € 4,00 + 1 · € 1,00 + 2 · (-€ 3,00) = -€ 1,00 betragen wird. Dies bedeutet, dass wir nicht an dem Spiel teilnehmen sollten und dass wir, wenn wir es doch tun, durchschnittlich € 1,00 bei vier Würfen oder € 0,25 pro Wurf verlieren würden.

Dasselbe Ergebnis wird erhalten, wenn wir die Wahrscheinlichkeit aller möglichen Ereignisse mit den Gewinnen bei entsprechenden Ereignissen (oder Verlusten, wenn diese negativ sind) multiplizieren und die Ergebnisse anschließend addieren. In diesem Fall erhalten wir:

$$\frac{1}{4} \cdot 4\,€ + \frac{1}{4} \cdot 1\,€ + \frac{1}{2} \cdot (-3)\,€ = -0{,}25\,€.$$

Lassen Sie uns ein zweites Beispiel betrachten. In einem Wettspiel, bei dem ein Würfel geworfen wird, zahlt die Bank 6 Jetons, wenn eine 6 geworfen wird, und 4 Jetons, wenn eine ungerade Zahl geworfen wird. In allen anderen Fällen geht der Spieler leer aus. Wie hoch sollte unser Wetteinsatz in jeder Runde ausfallen, um das Spiel ausgewogen zu gestalten?

Wenn p (6) = 1/6 und p (ungerade) = 1/2, wird erwartet, dass die folgende Anzahl Jetons in jeder Runde gewonnen wird: 1/6 · 6 + 1/2 · 4 + 1/3 · 0 = 3 Jetons. Das Spiel ist also ausgewogen (keiner hat einen Vorteil oder ist gegen den Spieler) mit einem Wetteinsatz von 3 Jetons.

Diese Beispiele ermöglichen uns die Einführung des Konzepts des Erwartungswertes und ausgewogener Wettspiele, die jetzt auf allgemeinere Weise definiert werden können. Wenn $E_1, E_2, E_3, \ldots, E_n$ Ereignisse in einem Glücksspiel sind, die nicht gleichzeitig auftreten können, mit einer Wahrscheinlichkeit von jeweils $p_1, p_2, p_3, \ldots, p_n$ (wobei $p_1 + p_2 + p_3 + \ldots + p_n = 1$) und mit den jeweiligen Ergebnissen $r_1, r_2, r_3, \ldots, r_n$, werden die erwarteten Gewinne oder der Erwartungswert (X) eines Spiels (oder eines beliebigen Experiments), in dem die Ergebnisse eines der Ereignisse $E_1, E_2, E_3, \ldots, E_n$ sein müssen, wie folgt definiert:

$$X = p_1\,r_1 + p_2\,r_2 + p_3\,r_3 + \ldots + p_n\,r_n.$$

Auf der Grundlage dieser Definition wird ein Wettspiel als fair (oder ausgewogen) betrachtet, wenn der Erwartungswert (die durchschnittlichen Gewinnereignisse pro Spiel) dem zu zahlenden Wetteinsatz entspricht. Es kann ebenso gesagt werden, dass der gesamte Erwartungswert (die erwarteten Gewinne minus dem Wetteinsatz) 0 ist.

Lassen Sie uns nun eine neue Anwendung des Erwartungswertes betrachten, um zu entscheiden, ob ein Glücksspiel ausgewogen ist oder nicht.

Ein Wettspiel mit drei Würfeln

Ein Glücksspiel wird folgendermaßen gespielt: Ein Spieler setzt € 1,00 auf eine Zahl von 1 bis 6 – sagen wir 3. Es werden drei Würfel geworfen und wenn ein Würfel drei Punkte zeigt, gewinnt er € 1,00, bei 2 Mal drei Punkten € 2,00 und bei 3 Mal drei Punkten € 3,00. In jedem Fall erhält er seinen Wetteinsatz von € 1,00. Wenn keiner der drei Würfel drei Punkte zeigt, verliert er seinen Wetteinsatz. Ist dieses Spiel ausgewogen oder hat der Spieler bzw. die Bank einen Vorteil? Obwohl es zunächst so aussieht, als hätte der Spieler einen Vorteil, ist dies in Wirklichkeit nicht der Fall. Es könnte verlockend sein zu wetten, wenn wir der folgenden Argumentation folgen. Da es drei Würfel gibt und die Wahrscheinlichkeit, drei Punkte zu werfen, für jeden Würfel 1/6 beträgt, beträgt die Gesamtwahrscheinlichkeit zu gewinnen wenigstens 1/2. Es besteht allerdings auch die Möglichkeit, 2 oder 3 Mal drei Punkte zu werfen, was bedeutet, dass der Spieler einen Vorteil hat.

Die vorstehende Argumentation ist allerdings falsch. Tatsächlich gibt es 216 Möglichkeiten (6·6·6). Es können nur in einem Fall 3 Mal drei Punkte geworfen werden ($p = 1/216$), 2 Mal drei Punkte können in 15 Fällen geworfen werden ($p = 15/216$) und in 75 Fällen verdoppelt der Spieler seinen Wetteinsatz ($p = 75/216$).

Der Spieler verliert seine Wette also in 125 Fällen (216 – 1 – 15 – 75). Der Spieler verliert also häufiger (125), als er gewinnt (91). Die Berechnung des Erwartungswertes im Zusammenhang mit einer 1-Euro-Wette ergibt:

$$3 \cdot \frac{1}{216} + 2 \cdot \frac{15}{216} + 1 \cdot \frac{75}{216} - 1 \cdot \frac{125}{216}$$

$$= \frac{108}{216} - \frac{125}{216} = -\frac{17}{216} = -0{,}0787\ldots$$

Das Spiel verläuft also zugunsten der Bank, die bei jeder Wette einen Gewinn von fast € 0,08 erwarten kann. Obwohl dieses Beispiel einen Eindruck vom Erwartungswert in Glücksspielen vermittelt, gilt dieses Konzept auch für viele zufällige Situationen, die in vielen Fällen keinen oder kaum einen Bezug zu Glücksspielen haben, wie das folgende Beispiel zeigt.

Frühe Anmeldung

Nehmen wir an, im kommenden Juli findet eine Konferenz statt, an deren Teilnahme Sie interessiert sind, obwohl Sie nicht wissen, ob Sie es aufgrund Ihrer Arbeitsbelastung und sonstigen Verpflichtungen schaffen werden.

Wenn Sie die Teilnahmegebühr vor dem 1. März bezahlen, beträgt diese € 150,00 (ohne Rückerstattung bei Nichtteilnahme). Nach diesem Stichtag beträgt die Gebühr € 200,00 (wobei der Betrag auch bei Ankunft auf der Konferenz entrichtet werden kann). Am 28. Februar berechnen Sie die Wahrscheinlichkeit, dass Sie an der Konferenz teilnehmen können (im Folgenden p). Was kann der Wert von p darüber aussagen, ob Sie die Gebühr im Voraus bezahlen oder bis zur Konferenz abwarten sollten?

Wenn Sie im Voraus zahlen, lautet die Erwartung, dass Sie € 150,00 verlieren (ungeachtet dessen, ob Sie an der Konferenz teilnehmen oder nicht, da der Betrag nicht erstattet wird). Wenn Sie bei Ankunft auf der Konferenz zahlen, lautet die Erwartung, dass Sie € $200{,}00 \cdot p + (1 - p) \cdot = -200 \cdot p$ verlieren (Sie zahlen nur, wenn Sie an der Konferenz teilnehmen).

Die beiden Erwartungen sind gleich, wenn $p = 150/200 = 0{,}75$. Gilt also $p > 0{,}75$, sollten Sie den Frühbucherbetrag zahlen, und gilt $p < 0{,}75$, ist es am besten, bis zur Ankunft auf der Konferenz zu warten. Wenn $p = 0{,}75$ macht es keinen Unterschied.

Kann die Bank geschlagen werden? Wahrscheinlichkeit und sich wiederholende Ereignisse

Wie wir im vorstehenden Abschnitt gesehen haben, können wir uns mithilfe des Erwartungswertes eine Vorstellung davon machen, ob ein Wettspiel ausgewogen ist. Im vorstehenden Fall erwartet der Spieler nach einer hohen Zahl von Partien, dass er weder einen Gewinn noch einen Verlust macht, während wir im letzten Beispiel gezeigt haben, wie die Häufigkeit, mit der ein Spieler erwarten kann zu gewinnen (oder zu verlieren), bestimmt wird. Es gab und gibt allerdings Spieler, die nachdem sie mehrere Wetten in einem ausgewogenen Spiel oder einem Spiel mit einer leicht negativen Erwartung platziert haben, große Gewinne erzielen konnten. Nutzen wir die Mathematik, um die Beziehung zwischen wiederholten Spielen (oder Versuchen) in einem Glücksspiel (oder Experiment) besser zu verstehen, um Wege zu finden, die Wahrscheinlichkeit „außerordentlicher Erwartungen" zu bestimmen.

Beginnen wir mit der Analyse eines Problems, das beim Roulette auftritt (mit 37 Zahlen von 1 bis 36 und der Null). Wie hoch ist die Wahrscheinlichkeit, in 10 Spielen 3 Mal 0 zu treffen?

Die Wahrscheinlichkeit, an festgelegten Positionen 3 Mal 0 zu treffen lautet: $(1/37)^3 \cdot (36/37)^7 = 0{,}00016$. Die Gesamtwahrscheinlichkeit entspricht aufgrund der Zahl der Positionen, die von den drei Nullen eingenommen werden können, der zuvor berechneten Wahrscheinlichkeit: $C_{10,3} = 120$, oder:

$$p\ (3 \text{ x } 0 \text{ in } 10 \text{ Spielen}) = 120 \cdot 0{,}00016 = 0{,}0192,$$
ungefähr eine Chance von 1 zu 50.

Das vorstehende Beispiel kann folgendermaßen verallgemeinert werden, um ein wichtiges Ergebnis für die Analyse von Glücksspielen zu erhalten. Wenn bei einem Glücksspiel (oder einem randomisierten Experiment) *n* Spiele gespielt (*n* unabhängige Versuche durchgeführt) werden und bekannt ist, dass die Wahrscheinlichkeit, dass sich ein bestimmtes Ereignis (Erfolg) in Bezug auf das Spiel wiederholt, *p* ist, gilt:

$$p\ (r \text{ Erfolge in } n \text{ Experimenten}) = C_{n,r} \cdot p^r \cdot q^{(n-r)}, \text{ wobei } q = 1 - p, r \leq n.$$

Die Wahrscheinlichkeitsverteilung, wenn man *r* aus den verschiedenen Werten von 1 bis *n* nimmt, ist als *Binominalverteilung* bekannt. Um diese Verteilung anwenden zu können, müssen die Experimente unabhängig sein und muss die Wahrscheinlichkeit für die aufeinander folgenden Experimente konstant sein. Wir können diese Wahrscheinlichkeitsverteilung nutzen, um die Wahrscheinlichkeit zu berechnen, *r* Mal Kopf zu erhalten, wenn eine Münze n Mal geworfen wird, mit $r = 1, 2, \ldots, n$. In diesem Fall gilt *p* (einmal Kopf) = 1/2 und somit $q = 1/2$, wobei wir immer erhalten werden $p^r \cdot q^{8-r} = (1/2)^r \cdot (1/2)^{8-r} = (1/2)^8 = 1/256$. Wenn man diesen Wert mit den nachfolgenden Kombinationen ($C_{8,r}$) multipliziert, ergibt sich für verschiedene Werte von *r*:

Anzahl der Köpfe	Anzahl der Wege zum Erhalt der Anzahl der Köpfe	Wahrscheinlichkeit des Erhalts der Anzahl der Köpfe
0	$C_{8,0} = 1$	1 · 1/256 = 1/256
1	$C_{8,1} = 8$	8 · 1/256 = 8/256
2	$C_{8,2} = 28$	28 · 1/256 = 28/256
3	$C_{8,3} = 56$	56 · 1/256 = 56/256
4	$C_{8,4} = 70$	70 · 1/256 = 70/256
5	$C_{8,5} = 56$	56 · 1/256 = 56/256
6	$C_{8,6} = 28$	28 · 1/256 = 28/256
7	$C_{8,7} = 8$	8 · 1/256 = 8/256
8	$C_{8,8} = 1$	1 · 1/256 = 1/256

Die Symmetrie der Wahrscheinlichkeitsverteilung, die aus der vorstehenden Tabelle ersichtlich ist, ergibt sich daraus, dass die Wahrscheinlichkeit, einen Kopf zu werfen, 1/2 beträgt. Sie werden beobachtet haben, dass die Zahlen der Folge (1, 8, 28, 56, 28, 8, 1) in der vorstehenden Tabelle, die zusammen 256 (2^8) ergeben, den Zahlen aus dem Pascal'schen Dreieck entsprechen. Tatsächlich steht die Binominalverteilung in Beziehung zu den Binominalkoeffizienten und entsprechen – in diesem spezifischen Fall – den nachfolgenden Koeffizienten $(a + b)^8$.

Kapitel 4

Spieltheorie

Neun Zehntel der Mathematik, außerhalb dessen, was aufgrund praktischer Bedürfnisse benötigt wird, stammen aus der Lösung von Rätseln.
Jean Dieudonné

Die Spieltheorie ist ein Zweig der Mathematik, der sich hauptsächlich mit der Entscheidungsfindung beschäftigt. Sie wird auf alle Arten von Situationen angewandt, in denen es einen Konflikt gibt und in denen die Beteiligten die für sie besten Entscheidungen treffen müssen, ohne die Entscheidungen ihrer Kontrahenten zu kennen. Die Formulierung dieser Theorie basiert auf abstrakten Spielen – daher der Name –, obwohl ihr Interesse nicht den Spielen gilt. Stattdessen wendet die Spieltheorie die in Spielen auftauchenden Fragestellungen an, um alle Arten von Problemen zu analysieren und zu lösen.

Dieses Kapitel konzentriert sich auf kompetitive Nullsummenspiele mit zwei Spielern. Der Begriff „Nullsummenspiel" bedeutet, dass die Gewinne des einen Spielers immer den Verlusten des anderen Spielers entsprechen, das heißt, es gibt nur einen Gewinner und dieser gewinnt alles. Es wird angenommen, dass jeder Spieler versuchen wird, den Zug zu machen, von dem er am meisten profitiert oder der ihm den größten Gewinn bringt. Mit anderen Worten, die Spieler geben sich nicht mit weniger als dem Gesamtgewinn zufrieden.

Die Grundsätze der Spieltheorie

Als Einführung in die Spieltheorie wollen wir nun drei Spiele betrachten, die zur Unterscheidung verschiedener Schwierigkeitsgrade sowie einiger grundlegender Prinzipien dienen, die in diesem und dem folgenden Kapitel verwendet werden. Bitte beachten Sie beim Lesen dieser Kapitel, dass obwohl hier eine Spielterminologie angewandt wird (Spiele, Spieler, Partien, Strategien, ausgewogene Spiele, Wert eines Spiels usw.), die im Folgenden vorgestellten Szenarien nicht einem Spiel entsprechen in dem Sinn, in dem wir den Begriff in den vorherigen Kapiteln verwendet haben. Sie sollten sich vielmehr

WEGBEREITER DER SPIELTHEORIE

Portrait von G.W. Leibniz, einem deutschen Philosophen, der ebenfalls einen großen Beitrag zur Mathematik leistete.

Im 17. Jahrhundert schlugen Wissenschaftler wie Christiaan Huygens (1629–1695) und G. W. Leibniz (1646–1716) bereits die Schaffung einer Disziplin vor, die wissenschaftliche Methoden nutzen sollte, um menschliches Verhalten und Konflikte zu untersuchen; jedoch blieb dieses Unternehmen recht erfolglos. Im 18. Jahrhundert gab es kaum Bemühungen, Spiele unter diesem Gesichtspunkt zu analysieren. Allerdings existiert ein Brief von James Waldegrave aus dem Jahr 1713, in dem eine Lösung für ein Kartenspiel (*Le Her*) vorgeschlagen wird, das auf zwei Spieler beschränkt war. Dabei wird eine Methode vorgestellt, die heute als gemischte Strategie bekannt ist, um eine Minimax-Lösung zu erhalten. Es findet sich in diesem Zusammenhang aber keine Form von Theoretisierung oder Verallgemeinerung, durch die diese Methode auch auf andere Ereignisse angewandt werden könnte.

Im 19. Jahrhundert entwickelte eine Reihe von Ökonomen einfache mathematische Modelle für die Analyse grundlegender Wettbewerbssituationen. Hierzu zählt das Werk von Antoine Augustin Cournot, *Recherches sur les Principes Mathématiques de la Théorie des Richesses* (1838), das einen Duopol berücksichtigt und eine Lösung bietet, die als spezifischer Fall des Nash-Gleichgewichts betrachtet werden kann. Die Spieltheorie als fundierter Zweig der Mathematik ist also im Wesentlichen ein Produkt der Entwicklungen während des 20. Jahrhunderts.

eine Situation oder einen Konflikt vorstellen, zunächst zwischen zwei Personen (oder zwei Personengruppen), in dem es Regeln gibt, die die möglichen Züge bestimmen, die jeder der Spieler gleichzeitig unternimmt – nicht abwechselnd wie in Kapitel 2 –, das wiederum bedeutet, die Spieler kennen die Züge ihrer Kontrahenten nicht. Am Ende gewinnt ein Spieler und der andere verliert. Von nun an werden wir von *Spielen* sprechen, wenn wir uns auf Situationen beziehen, von *Spielern*, von denen wenigstens zwei an jedem Szenario beteiligt sind, von *Strategien*, bei denen jeder Spieler Entscheidungen treffen wird, die Spielzügen entsprechen, und von *Gewinnen* oder dem gewonnenen oder verlorenen Wert als Ergebnis jeder Entscheidung.

Um uns mit den Grundsätzen der Spieltheorie vertraut zu machen, beginnen wir mit dem folgenden Fall, der sehr einfach und als Spiel von keinerlei Interesse ist. Zwei Personen (A und B) müssen gleichzeitig die Zahl 1 oder 2 aufschreiben. Spieler B muss an Spieler A jeweils die Summe der aufgeschriebenen Zahlen in Euro auszahlen. Es ist kein ausgewogenes Spiel, weil A immer gewinnen wird. Wir können uns allerdings fragen, wie jeder Spieler spielen muss, um seinen Interessen am besten gerecht zu werden. Betrachten wir das Spiel als Matrix, auch als *Payoff-Matrix* bekannt, mit den folgenden möglichen Ergebnissen:

	B schreibt 1	B schreibt 2
A schreibt 1	2	3
A schreibt 2	3	4

Die Zahlen in der Matrix geben den Wert in Euro an, den A oder B zahlen muss, abhängig von der vom jeweiligen Spieler gewählten Strategie (die beiden Möglichkeiten jedes Spielers ergeben die vier Ergebnisse in der Matrix).

Lassen Sie uns nun die Züge dieses einfachen Spiels eingehender betrachten, um zu sehen, wie sich jeder Spieler verhält: Wenn wir davon ausgehen, dass A den Zug von B nicht kennt, muss er davon ausgehen, dass B versuchen wird, den von ihm zu zahlenden Betrag zu minimieren, sodass wenn A eine 1 aufschreibt, er wenigstens 2 Euro gewinnen wird, und wenn er eine 2 aufschreibt, er wenigstens 3 Euro gewinnen wird. Es wird gesagt, dass 3 (die Zahl im linken unteren Feld der Matrix) das *Maximin* (Maximum der Minima) ist. Entsprechend wird B annehmen, dass A versuchen wird, den größten Gewinn zu erzielen, was bedeutet, dass wenn B eine 1 aufschreibt, er maximal 3 Euro verlieren wird, und wenn er eine 2 aufschreibt, er maximal 4 Euro verlieren wird. Es wird gesagt, dass 3 das *Minimax* (Minimum der Maxima) ist. Wenn Maximin und Minimax bei einem Spiel im selben Quadrat liegen – wie in diesem Spiel –, wird gesagt, dass das Spiel *streng deterministisch* ist und dass es einen *Sattelpunkt* hat (stellen Sie sich einen Sattel und zwei senkrechte Kurven vor, eine mit einem Minimum und eine mit einem Maximum und einem Punkt, an dem das Minimum der einen Kurve auf das Maximum der anderen Kurve trifft).

Der diesem Sattelpunkt entsprechende Wert – in diesem Fall € 3,00 – ist der *Wert des Spiels*, der immer erhalten wird, wenn jeder Spieler seine optimale Strategie verfolgt. Wenn der andere Spieler einen anderen Zug macht (also eine andere Strategie anwendet), kann sein Kontrahent den Wert des Spiels erhöhen, sodass er mehr gewinnt oder weniger verliert, je nachdem, ob es sich um Spieler A oder B handelt. Es wird auch gesagt, dass es sich hierbei um ein *deterministisches Spiel* mit einer *reinen Strategie* handelt.

Betrachten wir nun ein anderes Spiel mit einer Payoff-Matrix, die vom Kriterium der Gleichheit bestimmt ist: Wenn beide dieselbe Zahl aufgeschrieben haben, gewinnt A einen Euro, wenn die Zahlen unterschiedlich sind, gewinnt B einen Euro.

	B schreibt 1	B schreibt 2
A schreibt 1	1	-1
A schreibt 2	-1	1

Das Maximin von A ist -1 (beide Minima sind -1) und das Minimax von B ist 1 (beide Maxima sind 1). Die Differenz bedeutet, dass dieses Spiel keinen Sattelpunkt hat und dass es deshalb keine reine Strategie für dieses Spiel gibt. Wenn A eine Strategie spielt (beispielsweise immer eine 1 aufschreiben) und diese Strategie von B erkannt wird, wird B systematisch eine 2 aufschreiben und immer 1 Euro gewinnen. Angesichts der Einfachheit des Spiels und seiner Symmetrie muss die optimale Strategie eine verhältnismäßige Anzahl Einsen und Zweien enthalten, sodass der Gegenspieler kein Muster erkennen kann. Die optimale Strategie besteht also darin, zufällig zu spielen, beispielsweise eine Münze zu werfen und bei Kopf eine 1 aufzuschreiben und bei Zahl eine 2. Unter diesen Umständen kann nicht von reinen Strategien gesprochen werden, denn die erforderliche Zufallskomponente bedeutet, dass das Spiel nicht vorhergesagt werden kann. Wenn die optimale Strategie die Einbeziehung einer Zufallskomponente erfordert und geheim gehalten werden muss, können wir von „gemischten Strategien" sprechen.

Diese beiden Beispiele können als Extreme betrachtet werden. Im ersten Beispiel ist das Spiel durch die Wahl einer reinen Strategie deterministisch, denn die beste Strategie für jeden Spieler führt zu einem konsistenten Ergebnis, das als „Wert des Spiels" bezeichnet wird. Im zweiten Beispiel allerdings führt eine vorab festgelegte Strategie nicht notwendigerweise zu den besten Ergebnissen und der einzige Weg, diese Ergebnisse zu garantieren, besteht in der Anwendung einer Zufallsstrategie, die als „gemischte Strategie" bezeichnet wird.

Betrachten wir nun ein anderes Spiel, das den beiden vorstehenden Spielen ähnlich ist, aber mit einer komplexeren Analyse der optimalen Strategien für jeden Spieler. Wie in den gerade beschriebenen Spielen kann jeder Spieler zwei Zahlen aufschreiben. Spieler A kann die Zahlen 1 und 8 notieren und Spieler B die Zahlen 2 und 7. Wenn die von den Spielern notierten Zahlen dieselbe Parität (beide gerade oder beide ungerade) haben, wird A den Gesamtwert in Euro gewinnen, während B gewinnen wird, wenn eine gerade und eine ungerade Zahl aufgeschrieben werden, wobei auch hier der Wert ihrer Gewinne von den aufgeschriebenen Zahlen abhängig ist.

Die Payoff-Matrix dieses Spiels lautet folgendermaßen:

	B schreibt 7	B schreibt 2
A schreibt 1	1	-2
A schreibt 8	-7	8

Erinnern Sie sich, dass die Zahlen in dieser Payoff-Matrix den Gewinnen von Spieler A entsprechen. Demzufolge gewinnt Spieler B, wenn negative Zahlen geschrieben werden, die den Verlust von Spieler A darstellen. Spieler A kann 1 Euro oder 8 Euro gewinnen und Spieler B 2 Euro oder 7 Euro. Es besteht kein Sattelpunkt. Das Maximin ist -2 (-2 > -7) und das Minimax ist 1 (1 < 8). Wenn in einer 2 x 2-Matrix die Zahlen einer Diagonale größer sind als die beiden anderen Werte, gibt es niemals einen Sattelpunkt. Das bedeutet, dass das Spiel nicht deterministisch ist und es keine reine Strategie gibt. Im Gegensatz zum vorhergehenden Spiel, in dem die beste Strategie für beide Spieler darin bestand, sich für ein zufälliges Spiel zu entscheiden, um ausgewogene Gewinnchancen zu haben, hat B in diesem Spiel eine Gewinnstrategie. Bei diesem Spiel ist die optimale Strategie für jeden Spieler nicht unbedingt dem Zufall überlassen – obwohl sie immer noch bis zu einem gewissen Grad zufällig ist. Jeder Spieler trifft seine Entscheidungen anhand bestimmter Verhältnisse. Auch in diesem Fall bedarf es einer gemischten Strategie eines jeden Spielers zur Lösung des Spiels. Wir werden im weiteren Verlauf zu den Ergebnissen dieses Spiels zurückkehren, einschließlich der Bestimmung einer optimalen Strategie für jeden Spieler.

Sie haben gesehen, dass die verschiedenen vorgestellten Spiele eine Matrix verwenden, in deren Zeilen die verschiedenen Strategien für den ersten Spieler eingetragen sind und in den Spalten diejenigen für den zweiten Spieler. Diese Darstellung, die als „Normalform" eines Spiels bekannt ist, ist die gängigste Darstellung für Spiele mit zwei Spielern, in denen die Züge gleichzeitig auftreten. Es gibt auch andere Darstellungen, die als „Extensivform" eines Spiels bezeichnet werden, die die Darstellung aller Züge in einer Baumstruktur erfasst. Diese eignet sich besonders für die Darstellung von Spielen, bei denen die Spieler abwechselnd ziehen. Die Mehrzahl der in Kapitel 2 beschriebenen Spiele zählt zu dieser Kategorie.

DIE GEBURTSSTUNDE DER SPIELTHEORIE

Der französische Mathematiker Émile Borel führte Studien im Bereich der Wahrscheinlichkeitstheorie durch.

Im 20. Jahrhundert gab es Bewegungen zur Formulierung eines theoretischen Rahmens, der in der Mitte des 20. Jahrhunderts die Grundlage dessen bilden sollte, was heute als Spieltheorie bekannt ist. Das erste allgemeine Theorem, das es nachzuweisen galt, befand sich im Werk von Ernst Zermelo (1871–1956), endgültig formuliert im Jahr 1912. Das Theorem besagt, dass für ein endliches Spiel mit perfekter Information (wie Dame oder Schach) eine optimale Lösung auf der Grundlage reiner Strategien besteht, das heißt, ohne dass die Einführung einer Zufallskomponente erforderlich ist. Das Theorem beweist allerdings nur die Existenz einer solchen Lösung und sagt nichts oder kaum etwas darüber aus, wie solche Strategien zu finden sind.

Seit dem Jahr 1920 interessierte sich auch der berühmte Mathematiker Émile Borel für diese neu entstehende Theorie und führte die Idee einer gemischten Strategie ein (eine Strategie, die Zufallskomponenten enthält). Kurz danach begann John von Neumann seine Arbeit und formulierte und bewies 1928 die Minimax-Regel, die bald zu einem Schlüsselelement in der Entwicklung der Theorie werden sollte. Die Regel besagt, dass in einem endlichen Spiel mit zwei Spielern, A und B, ein Durchschnittswert besteht, der die Menge darstellt, die A von B gewinnen kann, wenn beide Spieler fair spielen, das heißt, die Spieler versuchen den größten Gewinn oder den geringsten Verlust zu erzielen.

Wann ist das Gleichgewicht erreicht?

Die im vorstehenden Abschnitt analysierten Spiele sind aus mehreren Gründen einfach. Es gibt zwei Spieler (Spiele mit zwei Spielern) und jeder Spieler hat nur zwei mögliche Züge (die Payoff-Matrix ist immer 2 x 2). Darüber hinaus handelt es sich um Nullsummenspiele, denn die Summe der Gewinne der Spieler ergibt immer null (ein Verlust wird als negativer Gewinn betrachtet). In jeder Runde sind die Strategien auf einen von zwei Zügen beschränkt. Je nach Spielbedingungen wird sich jeder Spieler für eine bedingte Strategie (die optimale Strategie für jeden Spieler) entscheiden, durch die das Spiel bestimmt wird, neben dem Ergebnis, das dem Wert des Spiels entspricht

JOHN VON NEUMANN (1903–1957)

John von Neumann war ein vielseitiger Wissenschaftler und einer der hervorragendsten Mathematiker des 20. Jahrhunderts. Er begann seine Arbeit in seiner Geburtsstadt Budapest, wo er zunächst Mathematik studierte, bevor er nach Berlin zog, um Physik zu studieren, und anschließend nach Zürich, wo er Chemieingenieurwesen studierte. 1930 wanderte er in die USA aus. In Göttingen und unter Anleitung von Hilbert arbeitete er an theoretischen Problemen aus der reinen Mathematik und zusammen mit Heisenberg an den ersten Formulierungen der Quantentheorie. Er leistete wesentliche Beiträge in vielen Bereichen, einschließlich der Mengenlehre, der Funktionalanalyse, der Logik, der Wahrscheinlichkeit, der angewandten Wirtschaftsmathematik, der Quantenphysik und der Meteorologie.

Sein Interesse begann sich von der reinen zur angewandten Mathematik zu verlagern und auf die unterschiedlichsten Bereiche wie Atomphysik, die Entwicklung von Digitalcomputern, die Kognitionspsychologie und die Wirtschaft. Einen grundlegenden Beitrag leistete er im Bereich der angewandten Wirtschaftsmathematik mit der Einführung der Spieltheorie in seinem Buch *Theory of Games and Economic Behaviour* (1944), das er gemeinsam mit Oskar Morgenstern in Princeton veröffentlichte. Dieses Buch wird als der wichtigste Beitrag zu diesem Zweig der Mathematik betrachtet, denn es markiert die Konsolidierung dieser Theorie, die – einige Jahre später – zu Beginn der 1950er-Jahre auf eine Vielzahl von Situationen angewandt werden sollte, um die reale Welt zu analysieren.

John von Neumann (rechts) und Robert Oppenheimer, wissenschaftlicher Leiter des Programms zur Entwicklung der ersten Atombombe, posieren in dieser Fotografie aus dem Jahr 1952 vor dem schnellsten und genauesten Computer dieser Zeit.

(wie im ersten Spiel im vorherigen Abschnitt). Wir haben gesehen, dass dies immer die Lösung ist, wenn das Spiel einen Sattelpunkt hat, das heißt, wenn einer der Werte in der Matrix sowohl das Maximin (das Maximum der Minima jeder Zeile) als auch das Minimax (das Minimum der Maxima jeder Spalte) ist. Wenn dies nicht der Fall ist, können keine reinen Strategien mehr angewandt werden, und die Spieler müssen auf gemischte Strategien umsteigen, die geheim gehalten und mithilfe der Einführung einer Zufallskomponente ausgewählt werden müssen. In Fällen, in denen die

Payoff-Matrix symmetrisch ist, besteht die Strategie darin, die Auswahl völlig zufällig zu gestalten (wie in Beispiel 2). Andernfalls muss, auch wenn eine Zufallsstrategie verwendet wird, die Wahl jedes möglichen Zugs gewichtet werden (wie in Beispiel 3).

Ein abstraktes Spiel mit reinen Strategien

Analysieren wir jetzt das erste Spiel und betrachten wir, was passiert, wenn die Matrix für dieses Spiel erweitert wird, sodass jeder Spieler mehr als zwei mögliche Züge hat.

Beginnen wir mit dem folgenden Spiel für zwei Spieler: Spieler A wählt eine Reihe (F1, F2, F3) und sein Gegenspieler B eine Spalte (C1, C2, C3) aus der folgenden Matrix (die Payoff-Matrix für dieses Spiel), ohne dass die Spieler den Zug ihres jeweiligen Gegenspielers kennen. Die beiden Entscheidungen bestimmen eine Zahl in der Matrix (Kreuzungspunkt zwischen der Reihe und der Spalte, die ausgewählt wurden), die den Wert in Euro angibt, den der zweite Spieler an den ersten Spieler zahlen muss. Wie muss jeder Spieler spielen, um seinen Gewinn zu maximieren oder seinen Verlust zu minimieren?

		Spieler B		
		C1	C2	C3
Spieler A	F1	5	-2	1
	F2	6	4	2
	F3	0	7	-1

Spieler A analysiert seine Mindestauszahlungen anhand der möglichen Züge (-2 bei F1, 2 bei F2 und -1 bei F3). Das beste Ergebnis der Mindestauszahlungen (Maximin) ist 2. Wenn das Spiel deterministisch ist, wird er F2 wählen. Spieler B analysiert entsprechend die Züge, die anhand der möglichen Züge den geringsten Verlust bedeuten (6 bei C1, 7 bei C2 und 2 bei C3). Der geringste Verlust aus den maximalen Verlusten (Minimax) ist 2. Wenn das Spiel deterministisch ist, wird er C3 wählen.

Wenn das Minimax und Maximin in diesem Spiel zusammentreffen und beide in einer Auszahlung von 2 Euro resultieren, kann gesagt werden, dass das Spiel deterministisch ist, dass sein Wert 2 ist und dass es anhand einer reinen Strategie gelöst werden kann: A spielt F2 und B spielt C3. Es kann auch gesagt werden, dass 2 ein Sattelpunkt (das Maximum der Minima trifft auf das Minimum der Maxima) oder Gleichgewicht ist.

Dieses Beispiel kann verallgemeinert werden, wobei die Zahl der Spieler gleich bleibt und die Spieler n mögliche Züge haben anstelle von 3, sodass die Payoff-Matrix $n \times n$ lautet. Wenn ein Sattelpunkt angenommen wird, hat das Spiel ein Gleichgewicht im Zusammenhang mit einem Paar aus den reinen Strategien (diejenigen, die für beide Spieler optimal sind). Ein solches Spiel hat ein unveränderliches Ergebnis, denn wenn einer der Spieler seine Strategie ändert, würde er sich in eine schlechtere Position bringen und seinen Gegenspieler demzufolge in eine bessere Position.

SIND SPIELE UNVERÄNDERLICH?

Betrachten wir die Analyse der folgenden Matrices von Nullsummenspielen mit zwei Spielern, um zu bestimmen, ob es sich dabei um unveränderliche Spiele handelt, indem wir ihren Sattelpunkt oder ihr Gleichgewicht finden.

		Spieler B		
		C1	C2	C3
Spieler A	F1	2	-5	-2
	F2	3	-1	-1
	F3	-3	4	-4

		Spieler B		
		C1	C2	C3
Spieler A	F1	-2	1	1
	F2	-3	0	2
	F3	-4	-6	4

		Spieler B			
		C1	C2	C3	C4
Spieler A	F1	-3	17	-5	21
	F2	7	9	5	7
	F3	3	-7	1	13
	F4	1	19	3	11

Wahlen und Restaurants: Anwendungsbeispiele für Spiele mit reinen Strategien

Die Methode zur Lösung abstrakter Spiele aus dem vorherigen Abschnitt kann genutzt werden, um eine Reihe von Situationen zu analysieren und zu lösen. Im Folgenden wollen wir zwei konkrete Beispiele betrachten.

Wahlprogramme

Betrachten Sie die folgende Situation: Eines der Themen, das die Meinung in einem bestimmten Land polarisiert hat, ist der Bau einer neuen Umgehungsstraße um die Hauptstadt. Es gibt zwei Möglichkeiten: Die Straße führt im Norden (N) um die Stadt oder im Süden (S). Bei der Aufstellung ihrer Wahlprogramme müssen die stärksten politischen Parteien des Landes, A und B, entscheiden, ob sie für eine Umgehung im Norden (Option N) oder Süden (Option S) sind. Sie können auch entscheiden, das Thema zu meiden und aus ihrem Programm zu streichen. Beide Parteien wissen, dass sie, ungeachtet ihrer Entscheidung, von ihren Anhängern unterstützt werden, aber sie wissen auch, dass sich die übrige Bevölkerung für eine der beiden Optionen entscheiden und nicht an der Wahl teilnehmen würde, wenn beide Parteien dieselbe Option wählen. Unter den Wahlberechtigten wurden Umfragen durchgeführt. Die Ergebnisse stehen beiden Parteien zur Verfügung; die Ergebnisse für Partei A sind in der folgenden Matrix wiedergegeben.

		Wahlprogramm für B		
		N	S	Keine Teilnahme
Wahlprogramm für A	N	40 %	45 %	35 %
	S	55 %	50 %	45 %
	Keine Teilnahme	40 %	50 %	35 %

Wenn sich Partei A also für die Option N entscheidet und B für die Option S, wird A 45 % der Stimmen erhalten, während A nur 35 % der Stimmen erhalten würde, wenn beide Parteien das Thema vermeiden. Unter diesen Bedingungen, welche Optionen sollten von jeder der politischen Parteien gewählt werden? Auf der Grundlage der Daten aus der vorstehenden Matrix ist die Entscheidung klar: Partei A wird feststellen, dass sie mit Option S das beste Ergebnis erzielen kann. Partei B wird entsprechend feststellen, dass Partei A das schlechteste Ergebnis (das ihr größtes Interesse ist) erzielen wird, wenn Partei B das Thema vermeidet. Das ist ihre Option. Die Situation hat also ein Gleichgewicht (A wählt Option S und B vermeidet das Thema). Das erhaltene Ergebnis ist 45 % der Stimmen für A. Gehen wir nun von der folgenden Matrix aus:

		Wahlprogramm für B		
		N	S	Keine Teilnahme
Wahlprogramm für A	N	60 %	55 %	45 %
	S	40 %	20 %	40 %
	Keine Teilnahme	45 %	20 %	35 %

Die beste Option ist N, obwohl B nicht länger ihre Entscheidung treffen kann, ohne die Handlung von A zu berücksichtigen. Option S zu wählen, in der Hoffnung, dass A nur 20 % der Stimmen erhalten wird, ist ein schlechter Zug, denn hier wird A, wenn sich die Partei richtig entscheidet, 55 % der Stimmen erhalten und nicht 20 %. Beste Option für Partei B ist, das Thema zu vermeiden, denn dann ist das Ergebnis für A 45 % der Stimmen. Abschließend wollen wir die folgende Matrix betrachten:

		Wahlprogramm für B		
		N	S	Keine Teilnahme
Wahlprogramm für A	N	35 %	10 %	60 %
	S	40 %	55 %	50 %
	Keine Teilnahme	40 %	10 %	65 %

Hier kann keine der Parteien eine sofortige Entscheidung treffen, denn jede der Parteien ist von der Entscheidung der anderen Partei abhängig. Die Parteien müssen also überlegen, welche Option angesichts der Entscheidungsmöglichkeiten ihrer

Gegenpartei ihre beste Option ist oder welche Option die beste unter den schlechtesten Optionen ist. A wird mindestens 10 % der Stimmen erhalten, wenn sie sich für Option N entscheidet, 45 % der Stimmen bei Option S und 10 % der Stimmen, wenn sie das Thema ganz vermeidet, weshalb sie sich für Option S entscheiden sollte. Wenn sich Partei B entsprechend für Option N entscheidet, kann Partei A maximal 45 % der Stimmen erhalten, bei Option S maximal 55 %, und wenn Partei B das Thema vermeidet, erhält Partei A maximal 65 % der Stimmen. Partei B muss sich demnach für Option N entscheiden. Unter diesen Umständen hat die beste Option für beide Parteien dasselbe Ergebnis: 45 % der Stimmen für A – der Sattelpunkt in dieser Situation.

Der Standort des Restaurants

Mary und George möchten ein Restaurant eröffnen, streiten aber um Folgendes: Mary hätte gerne einen möglichst tiefgelegenen Standort, während George einen möglichst hochgelegenen Standort bevorzugen würde. Um ihre Entscheidung zu treffen, entscheiden sie sich, einen Wettbewerb zu organisieren. Sie wählen drei parallel verlaufende Autobahnen C1, C2 und C3 aus, die von Ost nach West führen, und drei ebenfalls parallele Straßen A1, A2 und A3, die von Nord nach Süd verlaufen. Die Kreuzungen zwischen den Autobahnen und Straßen ergeben neun mögliche Standorte, deren Höhenmeter in der folgenden Matrix aufgeführt sind.

		Mary		
		A1	A2	A3
George	C1	470	1 050	600
	C2	540	600	930
	C3	320	280	710

Um den Standort des Restaurants zu bestimmen, entscheiden sie, dass Mary eine Autobahn (C1, C2 oder C3) auswählen wird und George eine Straße (A1, A2 oder A3) und dass die Kreuzung der beiden der Standort des Restaurants sein soll. Wie sollen sich Mary und George jeweils entscheiden, um das für sie beste Ergebnis zu erzielen?

George ist Pessimist und betrachtet die tiefsten Punkte der jeweiligen Straßen (470, 540, 280), die Minima jeder Reihe, und entscheidet sich für A2, was ihm eine Höhe von 540 Metern garantiert. Mary muss entsprechend die höchsten Werte für jede Autobahn betrachten (540, 1.050, 930) und entscheidet sich für C1, was ihr eine Mindesthöhe von 540 Metern garantiert. Beide treffen also ihre Entscheidung und das Ergebnis (540 Meter) ist das Beste für beide. Oder anders gesagt, wenn einer der beiden seine Auswahl ändert, wird das Ergebnis schlechter werden. Einerseits zeigen diese Beispiele die Verschiedenheit der Situationen, in denen optimale Lösungen gefunden werden können, die im Interesse von zwei Personen (oder Personengruppen) sind, die vollkommen gegensätzlicher Ansicht sind. Andererseits zeigen die Beispiele auch, dass das Ergebnis durch die optimalen Entscheidungen der beiden Spieler streng determiniert ist, wenn die Payoff-Matrix einen Sattelpunkt hat.

Wenn es kein Gleichgewicht gibt: gemischte Strategien

Viele kompetitive Spiele und die Situationen, die sie abbilden, können nicht mit reinen Strategien gelöst werden, weil sie kein Gleichgewicht haben. In vielen Fällen gibt es keine dominante reine Strategie für beide Spieler und somit keine Strategie, die bei jedem Zug die beste ist. Unter diesen Umständen sollten die beiden Spieler ihre Strategie nicht offenlegen und versuchen, sie zu verbergen, oder sogar versuchen, ihren Gegenspieler in die Irre zu führen. Das ist beispielsweise beim Pokerspiel der Fall, bei dem die Spieler versuchen, ihre Gegenspieler auf eine falsche Fährte zu locken, und sich nur in die Karten schauen lassen, wenn es absolut notwendig ist.

Bestimmung einer optimalen gemischten Strategie

Betrachten wir das dritte und letzte Spiel aus dem ersten Abschnitt dieses Kapitels. Jeder Spieler kann zwei Zahlen aufschreiben: Spieler A kann die Zahlen 1 oder 8 notieren und Spieler B die Zahlen 7 oder 2. Wenn die von beiden Spielern notierten Zahlen dieselbe Parität haben (beide gerade oder ungerade), wird A ihren Wert in Euro gewinnen. Wenn eine gerade und eine ungerade Zahl notiert werden, gewinnt Spieler B den Betrag. Die Payoff-Matrix des Spiels lautet folgendermaßen:

	B schreibt 7	B schreibt 2
A schreibt 1	1	-2
A schreibt 8	-7	8

Wir können sehen, dass in diesem Spiel beide Spieler die scheinbar gleichen Chancen haben (A kann 1 oder 8 Euro gewinnen und B kann 2 oder 7 Euro gewinnen) und es keinen Sattelpunkt gibt: das Maximin ist -2 und das Minimax ist 1. Aus diesem Grund gibt es keine reine Strategie für die Spieler. Betrachten wir nun, ob wir eine gemischte Strategie aufstellen können, die es uns erlaubt, den Wert des Spiels zu ermitteln. Eine gemischte Strategie erfordert eine gewisse Randomisierung eines Satzes reiner Strategien. Sie wird konstruiert, indem jeder reinen Strategie eine Wahrscheinlichkeit zugeordnet wird, die sich auf die Häufigkeit bezieht, in der jede reine Strategie angewandt wird.

In unserem Fall, beispielsweise, hat A zwei reine Strategien (notiere 1 oder notiere 8) und auch B hat zwei reine Strategien. Die Wahrscheinlichkeiten p (notiere 1), p (notiere 8) für Spieler A und p (notiere 7), p (notiere 2) für Spieler B werden benutzt, um den Spielern eine Maximierung ihres Potentials zu ermöglichen. Indem man die ungeraden Zahlen und die Auszahlung in jedem Fall kennt, wird dies den erwarteten Wert des Spiels bestimmen. Sagen wir, p ist die Wahrscheinlichkeit, die Zahl 8 zu notieren, so ist $1 - p$ die Wahrscheinlichkeit, die Zahl 1 zu notieren. Wenn sich B also für die Strategie entscheidet, die Zahl 7 zu notieren, wird der erwartete Wert für Spieler A folgendermaßen lauten:

$V = 1\ (1 - p) + (-7)\ p;$ dies ist eine lineare Gleichung: $V = 1 - 8p.$

Wenn sich Spieler B andererseits entscheidet, die Zahl 2 zu notieren, wird der erwartete Wert für Spieler A:

$V = (-2)\ (1 - p) + 8\ p$, woraus sich die folgende Gleichung ergibt: $V = 10p - 2.$

Spieler A möchte p bestimmen, um ungeachtet der von Spieler B gewählten Strategie den höchsten Erwartungswert zu erzielen. Die Lösung der Gleichungen ergibt den Wert von p und V für Spieler A, in diesem Fall $p = 1/6$ und $V = 1/3$.

Wir können auf dieselbe Weise eine gemischte Strategie für Spieler B berechnen. Wenn Spieler A sich für die Strategie entscheidet, die Zahl 1 zu notieren, wird der erwartete Wert für Spieler B wie folgt lauten:

$V = 2p + (-1)\ (1 - p)$, was die folgende Gleichung ergibt: $V = 3p - 1.$

Wenn sich Spieler A für die andere Strategie entscheidet und die Zahl 8 notiert, wird der erwartete Wert für Spieler B wie folgt lauten:

$V = (-8)p + 7\ (1 - p)$, oder $V = 7 - 15p.$

Spieler B möchte p bestimmen, um ungeachtet der von Spieler A gewählten Strategie den höchsten Erwartungswert zu erzielen. Durch die Anwendung dieses Systems werden der Wert von p und V für Spieler B ermittelt. Die Lösung der Gleichungen ergibt p = 4/9 und V = 1/3.

Die hier angewandte Methode kann in einer 2 x 2 Matrix verallgemeinert werden und löst Spiele ohne Sattelpunkt durch die Anwendung gemischter Strategien. Analysieren wir nun die Bedeutung der Ergebnisse, die wir erhalten haben, eingehender. Zunächst kann festgestellt werden, dass der Erwartungswert für Spieler A und B gleich ist (V = 1/3), wobei sich nur ein Vorzeichen ändert – für A ist der Wert negativ, was bedeutet, dass A verliert, während er für B positiv ist, was bedeutet, dass B das gewinnen wird, was A verliert. Im Allgemeinen wird der Wert des Spiels (das durchschnittliche Gleichgewicht von A) mit der folgenden Formel ausgedrückt: (ad – bc) / (a + d – b – c), wobei a, b, c und d die Werte aus der Payoff-Matrix (von links nach rechts und von oben nach unten) sind. In unserem Fall lautet der Wert: (8 – 14) / 18 = -6/18 = -1/3, was beweist, dass Spieler A in jeweils drei Spielen durchschnittlich 1 Euro verlieren wird, wenn beide Spieler unter Anwendung ihrer optimalen Strategie spielen.

Die gemischten Strategien für A und B können auch direkt gefunden werden. Im Grunde erhält man das Verhältnis, in dem A die eine oder andere reine Strategie wählen muss, indem man die Gewinne und Verluste in jeder Reihe betrachtet. Mithilfe der Berechnung: 1 – (-2) = 3 (erste Reihe) und -7 – 8 = -15 (zweite Reihe). Hier wird deutlich, dass die optimale Strategie eine Zufallsstrategie mit einem Verhältnis von 15 zu 3 oder vielmehr 5 zu 1 zugunsten der Zahl 1 sein muss. Eine Möglichkeit wäre, einen Würfel zu werfen, der auf fünf Seiten die Zahl 1 hat und auf einer Seite die Zahl 8. Beachten Sie, dass dieses Ergebnis mit dem Ergebnis übereinstimmt, das durch die Lösung der Gleichungen und die Erkenntnis, dass die Wahrscheinlichkeit für die Zahl 8 bei 1/6 liegt und damit die Wahrscheinlichkeit für die Zahl 1 bei 5/6, erhalten wurde. Auf dieselbe Weise muss Spieler B, wobei in diesem Fall die Spalten betrachtet werden müssen (erste Spalte: 1 – (-7) = 8; zweite Spalte: -2 – 8 = -10), eine Zufallsstrategie im Verhältnis 10 zu 8 oder vielmehr 5 zu 4 zugunsten der Zahl 7 wählen. Dieses Ergebnis entspricht dem System der gelösten Gleichungen, die eine Wahrscheinlichkeit von 4/9 für die Zahl 2 und damit eine Wahrscheinlichkeit von 5/9 für die Zahl 7 ergeben.

Es ist jetzt möglich, die optimale gemischte Strategie für jeden Spieler zu formulieren: A wird sich zufällig zwischen der Zahl 1 (mit einer Wahrscheinlichkeit von 5/6) und der Zahl 8 (mit einer Wahrscheinlichkeit von 1/6) entscheiden. Dementsprechend wird sich Spieler B zufällig zwischen der Zahl 7 (mit einer Wahrscheinlichkeit von 5/9) und der Zahl 2 (mit einer Wahrscheinlichkeit von 4/9) entscheiden.

DIE MINIMAX-REGEL

Für alle endlichen Nullsummenspiele mit zwei Spielern gibt es einen Wert V, der den Durchschnittswert darstellt, mit dem Spieler A erwartet, gegen Spieler B zu gewinnen im Rahmen eines fairen Spiels, was bedeutet, dass beide Spieler in dem Bestreben spielen, ihren Gewinn zu optimieren. Von Neumann entwickelte und bewies diese Regel, die als relevanteste Regel der Spieltheorie betrachtet und in diesem Kapitel auf verschiedene Weise angewandt wird, und er spürte, dass ihr Ergebnis aus drei wesentlichen Gründen plausibel war:

1. Die Existenz einer Strategie für den ersten Spieler, die in seinem besten Interesse ist und ihm gestattet, einen determinierten Gewinn zu erzielen (der Durchschnittswert des Spiels), und gegen die der zweite Spieler nichts ausrichten kann.
2. Die Existenz einer Strategie für den zweiten Spieler, die in seinem besten Interesse ist und gewährleistet, dass er im Durchschnitt nicht mehr als einen determinierten Wert verlieren wird (der Durchschnittswert des Spiels), und gegen die der erste Spieler nichts ausrichten kann.
3. Die Tatsache, dass es sich hierbei um ein Nullsummenspiel handelt, das der erste Spieler gewinnt und der zweite Spieler verliert, impliziert, dass es einen Durchschnittswert gibt, wobei der erste und der zweite Spieler den betreffenden Gewinn bzw. Verlust akzeptieren, weil sich jede andere Strategie von diesem Wert entfernen und ihren Interessen schaden würde.

Es kann also auch ohne Sattelpunkt gewährleistet werden, dass, wenn jeder Spieler sich für seine optimale gemischte Strategie entscheidet, Spieler B durchschnittlich 0,33 Euro pro Spiel gewinnen wird. Wenn sich Spieler B für eine andere Strategie entscheidet und Spieler A seine Strategie nicht ändert, werden sich ihre Gewinne verringern. Wenn Spieler B allerdings bei seiner optimalen gemischten Strategie bleibt und Spieler A seine Strategie ändert, werden sich die Verluste von A erhöhen.

Anwendungsbeispiele für gemischte Strategien

Im vorstehenden Abschnitt haben wir ein Beispiel dafür betrachtet, wie ein Spiel gelöst werden kann durch die Bestimmung optimaler gemischter Strategien für jeden Spieler in Fällen, in denen die Analyse der Payoff-Matrix zeigt, dass es keinen Sattelpunkt für das Spiel gibt – d. h. Minimax und Maximin stimmen nicht überein. Um den Leser nicht abzulenken, wurde in diesem Beispiel ein abstraktes Spiel benutzt, das eine Konzentration auf die Werte der Payoff-Matrix ermöglicht, ohne dass andere Sachverhalte bezüglich ihrer Bedeutung berücksichtigt wurden. Betrachten wir nun ein anderes Beispiel, um zu sehen, wie die Methode im wirklichen Leben angewendet werden könnte.

Wachstum eines Unternehmens

Ein Unternehmen hat ein neues Produkt entwickelt und evaluiert dessen Markteinführung für das kommende Jahr. Es kann sich entscheiden, die Produktion herunterzufahren, in der Annahme einer schwachen Konjunktur, oder die Produktion zu steigern, in der Annahme, dass sich die Konjunktur in Erwartung starker Verkäufe erholen wird. Die erwarteten Gewinne (in € 1.000) sind in der folgenden Tabelle wiedergegeben:

		Konjunktur	
		Schlecht	Gut
Produktions-menge	Klein	500	300
	Groß	100	900

Um eine Entscheidung zu treffen, geht die Unternehmensführung davon aus, dass sich die Konjunktur entsprechend einer gemischten optimalen Strategie verhalten wird. Wie sehen die optimale gemischte Strategie und die erwartete Auszahlung aus?

Die Werte der Matrix zeigen, dass es keine reine optimale Strategie gibt, denn es gibt keinen Sattelpunkt (Maximin = 300, Minimax = 500). Aus diesem Grund ist es notwendig, eine optimale gemischte Strategie zu bestimmen.

Wenn p die Wahrscheinlichkeit einer Produktionssteigerung ist, dann ist $(1 - p)$ die Wahrscheinlichkeit für eine Produktionsverringerung und V der Erwartungswert. Im Falle einer schlechten Konjunktur wird der Erwartungswert folgendermaßen lauten:

$$V = 500\,(1 - p) + 100\,p, \text{ oder } V = 500 - 400\,p.$$

Bei einer guten Konjunktur ergibt sich:

$$V = 300\,(1 - p) + 900\,p \text{ oder } V = 300 + 600\,p.$$

Die Lösung des Systems ergibt: $p = 1/5$ und $V = 420$. Dieses Ergebnis bedeutet, dass, wenn die Situation in großer Häufigkeit wiederholt werden könnte, wäre die optimale gemischte Strategie, die Produktion nach dem Zufallsverfahren über 1/5 der Zeit zu steigern und über 4/5 der Zeit herunterzufahren, mit einem durchschnittlich zu erwartenden Gewinn von 420.000,00 Euro.

$V = (ad - bc) / (a + d - b - c)$, wobei a, b, c und d die Werte aus der Payoff-Matrix (von links nach rechts und von oben nach unten) sind. In diesem Fall haben wir: $(500 \cdot 900 - 300 \cdot 100) / (500 + 900 - 300 - 100) = 420.000 / 1.000 = 420$, was eindeutig dem Ergebnis auf der Grundlage des Systems der vorab gelösten linearen Gleichungen entspricht.

Zudem wurde das Problem unter der Annahme gelöst, dass auch das Verhalten der Konjunktur einer optimalen gemischten Strategie folgen würde. Die Berechnung für die Konjunktur zeigt, dass die Wahrscheinlichkeit für eine gute Konjunktur 2/5 beträgt und die Wahrscheinlichkeit für eine schlechte Konjunktur bei 1 – 2/5 = 3/5.

Elfmeter

In einem Fußballspiel kann ein Strafstoß als kompetitives Spiel zwischen dem Schützen und dem Torwart betrachtet werden, bei dem beide Kontrahenten gegensätzliche Interessen haben. Nehmen wir an, dass der Schütze den Ball nach links, rechts oder in die Mitte schießen kann (das sind die drei reinen Strategien) und dass der Torwart nach links oder rechts springen oder in der Mitte stehen bleiben kann (auch hierbei handelt es sich um reine Strategien). Mithilfe der Kombination der Statistik für den Schützen und den Torwart, die richtige Entscheidung zu treffen oder einen Fehler zu machen, wurde die folgende Tabelle erstellt:

		Torwart (B)		
		r	m	l
Schütze (A)	r	0,9	0,9	0,6
	m	0,8	0,1	0,7
	l	0,5	0,8	0,8

Jedes Feld in der Tabelle zeigt die Wahrscheinlichkeit, dass anhand der von beiden Spielern gewählten Strategien ein Treffer erzielt wird (der Schütze gewinnt). Wenn der Schütze nach rechts schießt und der Torwart nach rechts springt (beide bewegen sich in entgegengesetzte Richtung), liegt die Wahrscheinlichkeit für einen Treffer bei 0,9, während sich die Wahrscheinlichkeit auf nur 0,1 verringert, wenn der Schütze in die Mitte schießt und der Torwart in der Mitte stehen bleibt. Welche Strategien sollten vom Schützen und vom Torwart gewählt werden?

DIE RAND CORPORATION

Die RAND (Research and Development) Corporation ist eine US-amerikanische „Denkfabrik", die gegen Ende des Zweiten Weltkrieges gegründet wurde, um zunächst Untersuchungen bezüglich einer primär strategischen Aufgabe der United States Air Force durchzuführen. Trotz des vertraulichen Charakters der Projekte mit teilweise fragwürdigen Zielen, kann nicht bestritten werden, dass in ihren innersten Kreisen einige der besten Wissenschaftler an der Spieltheorie arbeiteten. Dank dieses Unternehmens – das im Jahr 1948 den Status eines Privatunternehmens, das ausschließlich für die Luftwaffe arbeitete, angenommen hat – war es möglich, Grundlagenforschung zu betreiben, die sich als bahnbrechend für die Entwicklung der Spieltheorie erwies.

Seine interne Struktur ähnelte mehr einer universitären Forschungseinrichtung als einer militärischen Organisation. Während der 1950er- und 1960er-Jahre wurde hier neben angewandter Wissenschaft, die sich teilweise auf die Entwicklung von Nuklearwaffen und den Beginn des Kalten Krieges bezog, Grundlagenforschung im Bereich der Spieltheorie betrieben. Beteiligt waren daran die angesehensten Mathematiker und Ökonomen, darunter John von Neumann, John Nash, Merril Flood, Kenneth Arrow und viele andere, die alle zu ungefähr derselben Zeit bei RAND tätig waren, während einer kurzen Zeitspanne, in der die ersten großen Entwicklungen in der Spieltheorie erzielt wurden.

Das neue Gebäude der RAND Corporation in Santa Monica, Kalifornien.

Eine erste Analyse des Problems zeigt, dass es keine dominante reine Strategie gibt und dass es nicht möglich ist, das Problem durch Verwendung reiner Strategien zu lösen, denn das Maximin ist 0,6 und das Minimax 0,8, mit anderen Worten, es wird erwartet, dass der Schütze bei 6 von 10 Schüssen einen Treffer landet und dass der Torwart bei 10 Strafstößen 8 Mal ein Tor zulässt. Beide wollen (und können) ihre Ergebnisse (Gewinne) steigern: Der Schütze kann die Wahrscheinlichkeit über 0,6 erhöhen und der Torwart kann die Wahrscheinlichkeit unter 0,8 senken. Es werden die optimale gemischte Strategie für den Schützen und den Torwart sowie der Durchschnittswert des Spiels, der in diesem Fall ein Wert zwischen 0,6 und 0,8 ist und die durchschnittliche Häufigkeit angibt, in der der Schütze bei einem Strafstoß einen Treffer erzielt, berechnet.

Die optimale gemischte Strategie des Schützen erhält man, indem man die Wahrscheinlichkeiten für die Auswahl jeder der reinen Strategien berechnet, die angegeben sind als $p(r)$, $p(m)$ und $p(l)$. Gegeben sei $p(r) + p(m) + p(l) = 1$. Dies kann auf zwei Wahrscheinlichkeiten reduziert werden: $p(r)$, $p(m)$, $1 - p(r) - p(m)$. Auch hier ist V der erwartete Wert des Spiels. Wenn der Torwart nach rechts springt, wird der Erwartungswert für den Schützen lauten:

$$V = 0{,}9\,p(\mathrm{r}) + 0{,}8\,p(\mathrm{m}) + 0{,}5\,(1 - p(\mathrm{r}) - p(\mathrm{m})).$$

Wenn der Torwart in der Mitte stehen bleibt, wird der Erwartungswert für den Schützen lauten:

$$V = 0{,}9\,p(\mathrm{r}) + 0{,}1\,p(\mathrm{m}) + 0{,}8\,(1 - p(\mathrm{r}) - p(\mathrm{m})).$$

Wenn der Torwart nach links springt, wird der Erwartungswert für den Schützen lauten:

$$V = 0{,}6\,p(\mathrm{r}) + 0{,}7\,p(\mathrm{m}) + 0{,}8\,(1 - p(\mathrm{r}) - p(\mathrm{m})).$$

Hierdurch erhalten wir ein System aus drei linearen Gleichungen mit der folgenden Lösung: $p(r) = 0{,}37$, $p(m) = 0{,}19$, $p(l) = 1 - p(r) - p(m) = 0{,}44$. Der Wert des Spiels für jeden Spieler ist $V = 0{,}71$. Es ist ebenso möglich, die Wahrscheinlichkeiten für den Torwart bei der Auswahl jeder der drei reinen Strategien auf dieselbe Weise zu berechnen, aber das soll Ihnen überlassen bleiben.

Vor- und Nachteile der Minimax-Methode

Es wird deutlich, dass die Minimax-Regel und die bisher erklärte allgemeine Methode sowohl bei den reinen Strategien als auch bei den gemischten Strategien, die auf dem

Zufallsprinzip beruhen, ein wirksames Werkzeug für die Lösung von Matrixspielen ist, um die bestmöglichen Ergebnisse zu erzielen. Die Regel findet viele Anwendungen in verschiedenen Bereichen, wie Wirtschaft, Politik, Sport und Militärkonflikte. Es war möglich, nicht nur Szenarien mit dominanten Strategien oder einem Gleichgewicht zu lösen, sondern auch Szenarien ohne Gleichgewicht, in denen es möglich ist, den Durchschnittswert eines Spiels zu ermitteln und die Gewinne beider Spieler mithilfe von gemischten Strategien zu optimieren.

In allen Fällen sind wir allerdings von einer Bedingung ausgegangen, die als „Fairplay" bezeichnet wird. Dieses Prinzip geht davon aus, dass jeder Spieler von seinem Gegenspieler annimmt, dass dieser jederzeit seinen besten Interessen entsprechend agieren und die fairste Strategie anwenden wird. Was passiert jedoch, wenn dies nicht der Fall ist und einer der beiden Spieler versucht, seinen Gegenspieler auszutricksen?

Im Jahr 1964 entwickelte Richard Brayer ein Spiel, das mithilfe von reinen Strategien gelöst werden konnte, das heißt, ein Spiel mit einem Gleichgewicht, das einfach berechnet werden konnte. Er sagte den Spielern, dass sie manchmal gegen einen Experten spielen und ein anderes Mal gegen Spieler, die ihre Strategien zufällig wählen, während sie tatsächlich immer gegen einen Forscher spielten, der häufig seine Strategie änderte. Bei einigen Spielen nutzten die Spieler die optimale Strategie B, während sie ein anderes Mal eine zufällige Strategie wählten. Das Spiel hat die folgende Payoff-Matrix.

		Forscher		
		A	B	C
Spieler	a	11	-7	8
	b	1	1	2
	c	-10	-7	21

Das Spiel kann durch die Anwendung der Minimax-Regel schnell gelöst werden, denn das Gleichgewicht ist 1, das Feld (b, B) der Matrix, was bedeutet, dass sich der Spieler für b entscheiden muss und der Forscher für B mit einem Gewinn von 1 für jeden Spieler in jedem Spiel.

Das Experiment zeigte, dass die Spieler mit Strategie b spielten, als sie sahen, dass der Forscher wiederholt Strategie B benutzte. Wenn ihr Gegenspieler seine Strategie allerdings zufällig wählte, änderte sich ihr Verhalten und sie tendierten zu Strategie a, um ihren Gewinn zu maximieren, und akzeptierten das Risiko von Verlusten. Aus anschließenden Befragungen ging hervor, dass mehr als die Hälfte der Spieler dachte, dass es „dumm" wäre, wenn der Forscher systematisch Strategie B wählen würde, denn dadurch würde er einen Verlust von 1 akzeptieren, während er bei einer anderen Strategie seine Ergebnisse „vielleicht" verbessern könnte, ohne zu erkennen, dass, wenn der Spieler weiterhin Strategie b nutzen würde, der Verlust von wenigstens 1 beim Forscher garantiert war.

Diese und ähnliche Studien über das Verhalten von Spielern zeigten, dass es nicht üblich ist, fair zu spielen, um den Gewinn zu optimieren, und dass Strategien bevorzugt werden, die offensichtlich einen höheren Gewinn versprechen, und nur dann eine optimale Strategie benutzt wird, wenn sich wiederholt herausstellt, dass dies nicht der Fall ist.

Noch chaotischer wird das Verhalten von Spielern, wenn das Spiel kein Gleichgewicht hat – wenn also gemischte Strategien angewandt werden müssen. In diesem Fall hält es die Mehrheit – selbst wenn die Strategie bekannt ist – nicht für notwendig, Berechnungen anzustellen und verlässt sich auf ihre Intuition, die im Allgemeinen von der optimalen gemischten Strategie abweicht.

Alle diese Erfahrungen zeigen, dass wir, wenn wir mit der Realität konfrontiert werden, die Annahmen der „Fairness" in Zweifel ziehen müssen, beispielsweise, dass unser Gegenspieler möglichst clever und seinen eigenen Interessen entsprechend spielen wird. Vielleicht verbirgt sich die Erklärung für dieses Phänomen in der Tatsache, dass es sich bei der Minimax-Regel um eine defensive Strategie handelt: Sie garantiert die bestmöglichen Ergebnisse für den Fall, dass der Kontrahent auf die cleverste Weise spielt. Wenn wir diese Annahme jedoch beiseitelassen, weshalb sollte ein Spieler dann nicht versuchen, sein Ergebnis zu verbessern?

In diesem Kapitel wurden Nullsummenspiele für zwei Spieler analysiert und gefolgert, dass es für diese Spiele eine optimale Strategie für jeden Spieler sowie einen Wert des Spiels gibt, mit dem der durchschnittliche Gewinn jedes Spielers bestimmt werden kann. Die Informationen für diese Spiele können immer in einer Payoff-Matrix ausgedrückt werden, in der jede Reihe eine Strategie für den ersten Spieler darstellt und jede Spalte eine Strategie für den zweiten Spieler. Das Verfahren zur Lösung eines Nullsummenspiels für zwei Spieler kann folgendermaßen zusammengefasst werden: Berechne das Maximin (Maximum der Minima) für den ersten Spieler und das Minimax (Minimum der Maxima) für den zweiten Spieler. Wenn beide gleich sind, bedeutet dies, dass die optimalen Strategien für jeden Spieler denselben Wert (Wert des Spiels) ergeben und dass es gelöst ist. In diesem Fall werden die Strategien für die jeweiligen Spieler als reine Strategien bezeichnet.

Wenn Maximin und Minimax unterschiedlich sind, werden die gewählten Strategien (reine Strategien) verworfen und alle Strategien für jeden Spieler erneut betrachtet, wobei jeder Strategie eine Wahrscheinlichkeit zugewiesen wird. Der Wert dieser Wahrscheinlichkeiten (deren Summe 1 sein muss) wird eine optimale gemischte Strategie bestimmen und einen Durchschnittswert des Spiels für jeden Spieler ergeben.

Die Bestimmung der Wahrscheinlichkeiten und des Durchschnittswertes für jeden Spieler sollte mithilfe der Lösung eines Systems aus linearen Gleichungen (die Anzahl der Gleichungen ist abhängig von der Anzahl der Strategien) berechnet werden, deren Unbekannte die gesuchten Wahrscheinlichkeiten und der Durchschnittswert des Spiels sind. Wenn der Durchschnittswert für beide Spieler gleich ist, ist das Spiel gelöst und die Wahrscheinlichkeiten, die für jeden Spieler erhalten wurden, bestimmen ihre optimale Strategie, die aufgrund ihres zufälligen Charakters eine gemischte Strategie sein wird.

Wenn die Durchschnittswerte des Spiels nicht übereinstimmen oder wenn bei der Berechnung eine der Wahrscheinlichkeiten negativ ist, ist das Spiel nicht gelöst. In diesem Fall muss das Spiel erneut analysiert werden, um zu sehen, ob es eine dominante Strategie gibt. Andernfalls kann die Methode nicht angewandt werden.

Kapitel 5

Das Spiel des Lebens: Theoretische Anwendungen in der realen Welt

Konkurrenz ist die Mutter der Wissenschaft … und des Lebens.
Konkurrenz und Kooperation machen uns zu dem, was wir sind…
Erwin Neher, Nobelpreisträger für Medizin

Alle im vorstehenden Kapitel beschriebenen Situationen beziehen sich auf rein kompetitive Spiele. Der Gewinn eines Spielers entspricht immer dem Verlust des anderen Spielers, es ist also ein „Nullsummenspiel". Es handelt sich hierbei um reine Konfliktsituationen, in denen die Interessen der Spieler vollkommen gegensätzlich sind und jeder Spieler versucht, seinen Gewinn zu maximieren und damit den Verlust seines Gegenspielers.

In diesem Kapitel liegen die Dinge anders. Obwohl das Ziel der Spieler immer noch darin besteht zu gewinnen und das Spiel eine Konfliktsituation darstellt, handelt es sich nicht länger um einen vollkommenen Konflikt. Zunächst entsprechen die Gewinne des einen Spielers nicht länger den Verlusten des anderen Spielers und es bestehen auch einige Strategien, in denen beide Spieler als Gewinner betrachtet werden können. Andererseits gibt es Situationen, in denen die Kooperation beiden Spielern nutzen kann. Dies erfordert die Einführung von Elementen der Kommunikation und des gegenseitigen Vertrauens, beinhaltet aber auch Bedrohungen, die die Einhaltung von getroffenen Vereinbarungen gewährleisten. Unter diesen Umständen können wir von Situationen mit einem *partiellen Konflikt* sprechen und zwischen *kooperativen* und *nicht-kooperativen Strategien* unterscheiden (der Begriff „abtrünnig werden" wird häufig in Bezug auf eine Strategie verwendet, die das genaue Gegenteil von Kooperation ist).

Erinnern Sie sich daran, dass sich die Spieltheorie auf die Entscheidungsfindung konzentriert und dass dieser Aspekt jetzt wichtiger wird als zuvor. In vielen Situationen, die wir in diesem Kapitel betrachten werden, besteht eine Spannung zwischen Kooperation und Konkurrenz. Welche Entscheidungen können die Spieler in solchen Situationen treffen?

Hiermit wird der Begriff des „Dilemmas“ eingeführt. Beide Spieler können kooperieren oder miteinander konkurrieren und es ist unklar, welche Entscheidung den größten Vorteil bringen wird, denn alles hängt von der Entscheidung des Gegenspielers ab. Im Allgemeinen wird die Kooperation Vorteile für beide Spieler haben und das beste Gesamtergebnis bringen, während die gegenseitige Konfrontation im Desaster enden wird. Wenn es nur diese beiden Möglichkeiten geben würde, gäbe es kein Dilemma. Das Problem entsteht, wenn sich einer der Spieler für die Kooperation entscheidet und der andere für die Konfrontation. Dies führt zu größeren Vorteilen für den hinterhältigen Spieler, die über die durch Kooperation erzielten Vorteile hinausgehen können. Das Dilemma ist deutlich. Die Komplexität von Spielen dieser Art bedeutet, dass in diesem Kapitel die Mathematik notwendigerweise mit der Psychologie und sogar der Moral vermischt werden muss, was bedeutet, dass die Lösungen häufig nicht streng mathematisch sind. Stattdessen werden sie als zwei Möglichkeiten präsentiert, die von den Entscheidungen der Spieler abhängig sind. Diese Spiele sind jedoch interessanter als die im vorherigen Kapitel beschriebenen reinen Konflikte, weil sie in der realen Welt viel häufiger auftreten, in der es nicht ungewöhnlich ist, dass ein Streit aus einer Mischung aus Konfrontation und Kooperation besteht.

Es ist möglich, die Reihe von Spielen mit zwei Spielern, die die Spieltheorie zu analysieren versucht, als Spektrum zwischen zwei Extremen zu betrachten. Auf der einen Seite stehen die rein kompetitiven Nullsummenspiele, während die rein kooperativen Spiele das andere Extrem bilden. Beide sind – zumindest in der Theorie – einfach zu lösen. Wir haben dies in den kompetitiven Situationen im vorstehenden Kapitel gesehen. Dasselbe kann auch für Situationen der reinen Kooperation gesagt werden. Beispiele für Situationen, in der beide Spieler dasselbe Ziel haben, sind der Fahrer und sein Navigator in einer Ralley. Tanzpaare oder ein Flugkapitän und ein Fluglotse. Der Weg zur Lösung dieser Spiele beinhaltet die Bündelung der Kräfte (effiziente Koordination der Züge), um das Ziel zu erreichen.

Die anderen Spiele für zwei Spieler, die in diesem Kapitel vorgestellt werden, liegen irgendwo zwischen den beiden Extremen. Diese sind komplizierter, denn die Beteiligten haben sowohl gegensätzliche als auch geteilte Interessen. Ein Beispiel ist eine Person, die ein Appartement verkauft, und der potenzielle Käufer. Beide möchten eine Vereinbarung treffen (Kooperation), obwohl beide bezüglich des Preises unterschiedliche Interessen verfolgen (Konflikt). Weitere Beispiele umfassen die Verschmelzung von zwei Unternehmen oder zwei kriegführende Länder, eine Situation, in denen die meisten Strategien gegensätzlich sind, aber in denen es auch möglich wäre, eine Kooperation oder einen Pakt zu vereinbaren, wie etwa einen Waffenstillstand oder einen Verzicht auf Atomwaffen.

DIE ENTWICKLUNG DER SPIELTHEORIE

Im Jahr 1955 veröffentlichten Von Neumann und Morgenstern eine Arbeit, mit der sie das Fundament der Spieltheorie legten, indem sie eine Methode beschrieben, um optimale Lösungen in Nullsummenspielen für zwei Spieler zu finden. Ab diesem Zeitpunkt konzentrierte sich die Forschung auf diesem Gebiet auf kooperative Spiele und die Analyse optimaler Strategien für Situationen, in denen die Beteiligten Vereinbarungen über die am besten geeigneten Strategien treffen können.

Eine wichtige Entwicklung in der Spieltheorie fand mit den ersten Theoretisierungen des Gefangenendilemmas in den 1950er-Jahren statt. In diesem Jahrzehnt definierte auch John Nash das Konzept einer optimalen Strategie für Spiele mit mehreren Spielern, bei denen die optimale Strategie nicht im Voraus bestimmt werden kann. Dieses Konzept ist noch heute als Nash-Gleichgewicht bekannt und wird vorwiegend auf nicht-kooperative Spiele angewandt, auch wenn man es auf einige kooperative Spiele ausweiten kann.

Zu diesem Zeitpunkt gab es auch die ersten Anwendungen der Spieltheorie in anderen Bereichen als der Wirtschaft, wie in der Philosophie, Wissenschaft und Politik. Später, in den 1970er-Jahren, fand die Spieltheorie auch in der Biologie Anwendung, was hauptsächlich der Arbeit von John Maynard Smith zu verdanken ist, der das Konzept der evolutionär stabilen Strategie einführte.

Oskar Morgenstern war zusammen mit John von Neumann einer der Erfinder der Spieltheorie.

Die Mathematik der Kooperation: Nicht-Nullsummenspiele

Um den Unterschied zwischen Nullsummenspielen und Nicht-Nullsummenspielen zu erklären, betrachten wir eine Situation in Bezug auf die Überprüfung eines Werbespots. Zwei Unternehmen desselben Typs, A und B, möchten für ihre Produkte werben und erhalten beide ein Angebot von einem Fernsehsender. Sie können am Nachmittag (40 % der Zuschauer dieses Senders schauen zu dieser Zeit) oder am Abend (60 % der Zuschauer) werben, aber nicht zu beiden Zeiten, und es ist bekannt, dass es keine Überschneidung zwischen den beiden gibt. Wenn die beiden Unternehmen ihre Werbespots im selben Zeitfenster senden, werden beide Verkäufe an 30 % der Zuschauer des betreffenden Zeitfensters generieren und keine Verkäufe im anderen Zeitfenster. Wenn die Unternehmen ihre Werbespots in unterschiedlichen Zeitfenstern senden, werden beide jeweils 50 % der Zuschauer erreichen. Was ist das Beste für beide Unternehmen? Ist es nützlich, die Entscheidung mit dem anderen Unternehmen zu besprechen oder diese geheim zu halten?

Betrachten wir den Anteil der Verkäufe, wobei gilt: Es ist nicht länger möglich, einen einzigen Wert für jeden Eintrag in die Matrix zu haben, denn das, was vom einen Unternehmen gewonnen wird, entspricht nicht dem, was vom anderen Unternehmen verloren wird, sondern dem Gewinn für beide Unternehmen. Deshalb werden zwei Werte verwendet, wobei der erste Wert den Gewinn für Unternehmen A darstellt und der zweite Wert den Gewinn von Unternehmen B in Übereinstimmung mit den von den Unternehmen angewandten Strategien.

		Unternehmen B	
		Nachmittag	Abend
Unternehmen A	Nachmittag	(12;12)	(20,30)
	Abend	(30,20)	(18,18)

Wenn A und B ihren Werbespot beide am Nachmittag senden, wird jedes Unternehmen 12 % der Gesamtzuschauer (30 % von 40 %) gewinnen. Wenn sie zu unterschiedlichen Zeiten senden, werden die Ergebnisse symmetrisch sein. Wenn sich Unternehmen A für den Nachmittag entscheidet und Unternehmen B für den Abend, wird A 20 % (die Hälfte von 40 %) und B 30 % (die Hälfte von 60 %) der Gesamtzuschauer gewinnen, und wenn beide Unternehmen ihre Strategien ändern, wird sich auch ihr Gewinn ändern. Um das Spiel zu analysieren, müssen wir jetzt zwei Matrices (die Gewinne jedes Spielers) betrachten, unter der Annahme, dass jeder Spieler versucht, seinen Gewinn in Übereinstimmung mit der Payoff-Matrix zu maximieren.

MATRIX FÜR SPIELER A

		Unternehmen B	
		Nachmittag	Abend
Unternehmen A	Nachmittag	12	20
	Abend	30	18

MATRIX FÜR SPIELER B

		Unternehmen B	
		Nachmittag	Abend
Unter-nehmen A	Nachmittag	12	30
	Abend	20	18

Angesichts der Symmetrie der beiden Matrices und unter Berücksichtigung, dass die Strategien für Unternehmen A den Zeilen entsprechen und die Strategien für Unternehmen B den Spalten, ist die Analyse für beide gleich. Sie kann auf dieselbe Weise durchgeführt werden wie bei Nullsummenspielen. Es gibt keinen Sattelpunkt (Maximin 18, Minimax 20), weshalb eine gemischte Strategie gefunden werden muss, die den Wert des Spiels für Spieler A bestimmt. Diese Strategie besteht in der Anwendung von Strategie 1 (Werbespot am Nachmittag) mit einer Wahrscheinlichkeit von 3/5 und Strategie2 (Werbespot am Abend) mit einer Wahrscheinlichkeit von 2/5, was einen Wert von 19,2 (durchschnittlicher Gewinn pro Spiel) ergibt. Aufgrund der Symmetrie wird Spieler B ein entsprechendes Muster verfolgen. Sie werden alle 5 Züge zufällig zweimal Strategie 1 und dreimal Strategie 2 wählen und somit denselben durchschnittlichen Gewinn erzielen. Bis zu diesem Punkt scheint alles zu sein wie zuvor und wir könnten glauben, dass dies die optimale Strategie für beide Spieler ist – das Spiel ist gelöst.

Eine eingehendere Analyse des Spiels zeigt jedoch, dass in diesem Fall jeder der Spieler einen höheren Gewinn anstreben kann, ohne den Gewinn des anderen Spielers zu beeinträchtigen. Dementsprechend ist die vorstehende Lösung keine optimale Lösung und der mithilfe der gemischten optimalen Strategien für Nullsummenspiele erhaltene Wert des Spiels ist nicht immer der höchstmögliche Wert.

Grund dafür ist, dass die optimale Strategie für Nullsummenspiele auf der Idee basiert, den maximalen Gewinn des Kontrahenten zu beschränken (oder zu verringern), was bei Nullsummenspielen bedeutet, den eigenen Gewinn soweit wie möglich zu steigern. Das ist jedoch nicht länger der Fall. Nehmen wir an, dass Unternehmen A sich anstelle einer gemischten Strategie für die Anwendung der reinen Strategie 2 (Abend) entscheidet, während B die optimale gemischte Strategie wählt. Unter diesen Umständen wird Unternehmen A durchschnittlich $30 \times 2/5 + 18 \times 3/5 = 22{,}8$ gewinnen, während Unternehmen B weiterhin 19,2 gewinnt. Während B also denselben Gewinn erzielt, ist der Gewinn von A gestiegen – eine Situation, die bei Nullsummenspielen unmöglich ist. Es ist deutlich, dass Unternehmen B dasselbe tun möchte und die reine Strategie 2 anwendet und erwartet, dass A eine gemischte Strategie anwendet. Jetzt erhöht B seinen Gewinn, ohne dass der Gewinn von A sinkt.

Aber was geschieht, wenn beide Unternehmen die reine Strategie 2 wählen? Dann erhalten beide nur 18 % und ihr Gewinn sinkt bei gleichem Wert. Das scheint eine Sackgasse zu sein, denn beide Unternehmen können ihren Gewinn steigern, ohne den Gewinn des anderen Unternehmens zu beeinträchtigen, aber wenn beide Unternehmen dies versuchen, werden sie nicht nur scheitern, sondern auch weniger als den durchschnittlichen Wert erzielen.

Es gibt aber auch eine andere Möglichkeit. Nehmen wir an, dass die beiden Spieler vereinbaren, nicht diejenigen Strategien zu wählen, mit denen sie den geringsten Gewinn erzielen (z. B. beide zeigen ihren Werbespot im selben Zeitfenster). Mit einer solchen Vereinbarung können beide Unternehmen einen höheren Gewinn erzielen, und zwar so, dass beide denselben Gewinn erzielen. Wenn sich Unternehmen A abwechselnd für Strategie 1 und 2 entscheidet und Unternehmen B abwechselnd für Strategie 2 und 1, wird der durchschnittliche Gewinn für beide Unternehmen 25 pro Spiel betragen (der Gewinn von A wechselt zwischen 20 und 30 und der Gewinn von B zwischen 30 und 20). Dies scheint die beste Lösung zu sein und es ist auch eine ausgeglichene.

Eine faire Idee: Nash-Gleichgewicht

Nach ihrem Studium von Nullsummenspielen mit zwei Spielern erweiterten von Neumann und Morgenstern ihre Forschung auf Spiele mit mehr als zwei Spielern aus, wobei mögliche Partnerschaften berücksichtigt wurden, und bewegten sich damit weg von rein kompetitiven Spielen. In den 1950er-Jahren dehnte John Nash Jr. die Theorie auf nicht-kooperative Spiele mit *n* Personen aus, in denen Partnerschaften verboten sind. So entwickelte er das Konzept, das als Nash-Gleichgewicht bekannt ist.

Seine Methode ist einfach, wenigstens in Bezug auf das Hauptkonzept. Nehmen wir an, dass die verschiedenen Spieler gerade einen Zug gemacht haben und jeder eine bestimmte Strategie gewählt hat. Sobald das Spielergebnis bekannt ist, werden alle Spieler gefragt, ob sie glauben, dass der von ihnen gewählte Weg zufriedenstellend ist, oder mit anderen Worten, ob sie lieber anders gehandelt hätten. Wenn die Antwort positiv ist, das heißt, wenn alle Spieler glauben, dass sie die beste Strategie gewählt haben, ist das Spielergebnis ein Gleichgewicht, das dem von Nash beschriebenen Gleichgewicht entspricht.

Betrachten wir die Anwendung dieses Konzept anhand eines spezifischen Falls. Die folgende Matrix zeigt die Ergebnisse eines Nicht-Nullsummenspiels.

	Strategie 1	Strategie 2
Strategie 1	(1,100)	(0,1)
Strategie 2	(2,0)	(5,2)

Zwei Spieler wählen Strategie 2. Sobald das Ergebnis bekannt ist, vereinbaren beide ihre Strategie und glauben, dass dies für beide das Beste ist. Der erste Spieler (Strategien in den Reihen) glaubt, dass er 5 gewonnen hat, was dem maximalen Gewinn entspricht, während der zweite Spieler in dem Wissen, dass der erste Spieler Strategie 2 gewählt hat, der Auswahl zustimmt, weil er 2 gewinnt anstelle von 0.

Die vorstehende Lösung kann jedoch bestritten werden. Man könnte argumentieren, dass, selbst wenn die Wahl des ersten Spielers „gut" ist, weil die gewählte Strategie (2) dominant ist, der zweite Spieler an einem bestimmten Punkt feststellen wird, dass er mit Strategie 1 hätte 100 gewinnen können. In einem kompetitiven Spiel, in dem jeder Spieler auf die Maximierung seines Gewinns konzentriert ist, wird dieses Ergebnis niemals auftreten, wenn davon ausgegangen wird, dass der erste Spieler seine Strategien vernünftig auswählt. Dementsprechend ist das einzige aus den vier möglichen Ergebnissen, bei dem keiner der Spieler seinen Zug bereut, (5, 2). Dieses Ergebnis ist ein Nash-Gleichgewicht. In jedem Spiel mit einem unterschiedlichen Ergebnis würde einer der Spieler seinem eigenen Spielbestreben widersprechen, weil – mit den Worten von Nash – eine instabile Lösung entstehen würde.

Die angewandte Methode zum Erhalt der vorstehenden Lösung scheint interessant und bietet eine vernünftige Lösung. In diesem Kontext hat Nash gezeigt, dass ein endliches Spiel für zwei Spieler wenigstens ein Gleichgewicht hat, womit er die Minimax-Regel von von Neumann erweitert. In Nullsummenspielen entspricht das Gleichgewicht dem mit der Minimax-Regel erhaltenen Gleichgewicht. Trotzdem sind die Berechnungen von Nash interessant, denn es gibt auch Gleichgewichte in Nicht-Nullsummenspielen, wie wir im vorstehenden Beispiel gesehen haben, und deren Lösung ist immer noch fair.

Das geschieht aber nicht immer. Manchmal ist die von einem Gleichgewicht gebotene Lösung überraschend und hat trotz ihrer scheinbaren Rationalität außergewöhnliche Eigenschaften.

JOHN FORBES NASH (1928–2015)

Neben dem Werk von John von Neumann sind die Beiträge von John Nash – insbesondere seine frühen Arbeiten – die möglicherweise wichtigsten Beiträge zur kurzen, aber intensiven Geschichte der Spieltheorie. Als Kind zeigte er erhebliche intellektuelle Fähigkeiten, aber es gab auch Anzeichen dafür, dass er Schwierigkeiten in der Interaktion mit anderen hatte. Obwohl er zunächst Chemieingenieurwesen studierte, wechselte er bald zur Mathematik, ein Bereich, in dem er besonders talentiert war. Im Jahr 1948 erhielt er ein Promotionsstipendium der Universität von Princeton, an der zu dieser Zeit auch Albert Einstein und John von Neumann arbeiteten. Dort promovierte er unter Albert W. Tucker in Spieltheorie. Seine Promotionsschrift reichte er im Jahr 1950 ein, eine kurze, aber sehr originelle Arbeit über nicht-kooperative Spiele, die schnell unter Spieltheorieexperten bekannt wurde. Er entwickelte ein Konnektorspiel, das heute unter dem Namen Hex verkauft wird und auf einem rhombenförmigen Brett mit sechseckigen Spielfeldern gespielt wird. Ihm war allerdings nicht bewusst, dass seine Erfindung einem Spiel des dänischen Dichters und Mathematikers Piet Hein entsprach, das dieser einige Jahre zuvor kreiert hatte. Nash zeigte zudem, dass es eine Gewinnstrategie für den ersten Spieler geben muss, allerdings ohne diese herauszufinden.

Ab den 1950er-Jahren arbeitete er am Massachusetts Institute of Technology (MIT) und bei der RAND Corporation, einem berühmten Unternehmen, das Teil der US Air Force war und sich mit strategischen Fragen beschäftigte. Kurz nach seiner Heirat im Jahr 1959 wurde er aufgrund der fortschreitenden Schizophrenie, die sich durch sein ganzes Leben zog, in die Psychiatrie eingewiesen. Dennoch arbeitete er weiter im Bereich der Spieltheorie bis 1994, als er den Nobelpreis für Wirtschaft gewann.

Im Jahr 2001 schuf der Regisseur Ron Howard den Film *A Beautiful Mind – Genie und Wahnsinn*, der mit vier Oscars ausgezeichnet wurde. Dieser auf der Biografie von John Nash basierende Film widmet sich vor allem dem Kampf gegen die psychische Erkrankung, an der Nash sein ganzes Leben litt.

Das Gefangenendilemma und andere klassische Probleme

Die Beispiele aus dem vorhergehenden Abschnitt haben gezeigt, dass es bei Nicht-Nullsummenspielen manchmal möglich ist, kooperative Strategien zu nutzen, um die Ergebnisse zu verbessern. Das Problem entsteht, wenn diese Verbesserung nicht gleichmäßig unter den Beteiligten verteilt ist. Mit anderen Worten, das Problem besteht darin, wie der „Überschuss" verteilt werden soll und ob alle Beteiligten von einer rationalen Verteilung überzeugt werden können.

Merrill Flood, die für die RAND Cooperation arbeitete, analysierte verschiedene Situationen aus dem täglichen Leben, insbesondere solche Situationen, in denen die Spieler gezwungen sind, zusätzliche Gewinne zu verteilen. Eine solche Situation war der Verkauf eines Gebrauchtwagens. Eine Person möchte einen Gebrauchtwagen kaufen, den sein Freund verkaufen möchte. Um einen Preis zu vereinbaren, gehen die beiden zu einem Gebrauchtwagenhändler, um den Wagen schätzen zu lassen. Der Händler ist bereit, den Wagen für 1.000 Euro zu kaufen und ihn für 1.300 Euro zu verkaufen, sodass er wenigstens 300 Euro bei der Transaktion verdient. Wenn die Freunde den Wagen ohne den Händler verkaufen, werden sie 300 Euro sparen. Die Freunde könnten vereinbaren, das Geld zu gleichen Teilen untereinander aufzuteilen und den Wagen für 1.150 Euro zu verkaufen, sodass jeder einen Gewinn von 150 Euro erzielen würde.

Während dies die vernünftigste Lösung zu sein scheint, ist es nicht die einzige Lösung. Einer der Spieler, beispielsweise der Käufer, könnte entscheiden, dass er nicht mehr als 1.100 Euro für den Wagen bezahlen möchte, was bedeutet, dass der Verkäufer noch stets 100 Euro mehr verdienen würde als bei einem Verkauf an den Gebrauchtwagenhändler. Andererseits könnte der Verkäufer den Preis auf 1.250 Euro festsetzen, mit dem Argument, dass der Käufer immerhin 50 Euro spart. Beachten Sie, dass wenn einer der beiden das Angebot des anderen mit dem rationalen Argument ablehnt, dass die Verteilung des zusätzlichen Geldes „unfair" ist, beide verlieren, denn der Preis ist immer noch geringer als der Preis, den sie an den Händler zahlen müssen.

Die Idee einer fairen Verteilung von Gewinnen ist nicht immer so klar und in manchen Fällen kann es mehr als eine Lösung geben, die als absolut fair betrachtet werden kann. Angenommen, Geraint muss für einen Geschäftstermin von Cardiff nach London (200 km) fahren und wird am nächsten Tag zurückkehren. Er findet heraus, dass Trevor, einer seiner Freunde, der in Swindon lebt, am selben Tag nach London fahren muss, und sie beschließen, die Kosten für den Hin- und Rückweg zu teilen. Angesichts dessen, dass Swindon auf halber Strecke zwischen Cardiff und London liegt, wie sollte das Paar die Reisekosten teilen?

Argument 1: Da die Strecke von Geraint doppelt so weit ist wie die von Trevor, sollten die Kosten durch 3 geteilt werden, sodass Trevor ein Drittel der Kosten tragen muss und Geraint die verbleibenden Zweidrittel.

Argument 2: Wenn Geraint die halbe Strecke alleine fährt und die andere Hälfte beide gemeinsam fahren, wird Geraint die vollen Kosten für seine Hälfte und die Hälfte der Kosten für die gemeinsame Strecke tragen, während Trevor nur die Hälfte der Hälfte, also nur ein Viertel zahlen muss. Wenn man also die Kosten durch 4 teilt, wird Trevor 1 Teil zahlen und Geraint 3 Teile.

Wenn es darum geht, das Geld zu teilen, nehmen wir an, dass die Kosten für Geraint 60 Euro für die Reise von Cardiff nach London betragen, wenn er alleine reist, und Trevor 30 Euro für die Fahrt von Swindon nach London zahlen muss. Wenn beide zusammen reisen, sparen sie 30 Euro. Auf der Grundlage von Argument 1 wird Geraint 40 Euro zahlen (und 20 Euro sparen) und Trevor wird 20 Euro zahlen (und 10 Euro sparen). Auf der Grundlage von Argument 2 wird Geraint 45 Euro zahlen (und 15 Euro sparen) und Trevor 15 Euro (und ebenfalls 15 Euro sparen). Argument 2 entspricht einer gleichen Verteilung der Einsparungen, während Argument 1 einer Verteilung der Einsparungen im Verhältnis zu den erwarteten Ausgaben entspricht. Selbst wenn man rational denkt, kann es mehr als eine faire Lösung geben.

Das Gefangenendilemma

Das Gefangenendilemma – eines der bekanntesten Probleme aus der Spieltheorie – ist ein von Albert W. Tucker im Jahr 1950 entwickeltes Nicht-Nullsummenspiel. Es ist ein einfaches Beispiel für ein Phänomen, das in vielen Situationen auftritt, in denen es einen Konflikt zwischen zwei Kräften gibt, die sich für Kooperation oder Konfrontation entscheiden können, wie in Preiskämpfen, Werbekampagnen oder Wettrüsten.

Obwohl sich der Name des Dilemmas auf einen Gefangenen bezieht und als Spiel zwischen zwei Kriminellen formuliert werden kann, die nicht sicher sind, ob sie sich schuldig oder nicht schuldig bekennen sollen – und hierbei den anderen belasten –, werden wir dieses Dilemma auf eine der interessantesten Anwendungen, nämlich einen militärischen Konflikt, anwenden, bei dem die Verluste und Gewinne aus dem „Spiel" Menschenleben entsprechen:

> Zwei Mächte, M1 und M2, streiten und müssen eine Entscheidung bezüglich ihrer Militärpolitik treffen. Jede Macht kann sich zwischen zwei unabhängigen Strategien entscheiden:

ALBERT WILLIAM TUCKER (1905–1995)

Tucker leistete wesentliche Beiträge zur Topologie, zur nichtlinearen Optimierung und zur Spieltheorie. Er machte seinen Abschluss in Mathematik an der Universität von Toronto und promovierte 1932 in Princeton. Nach verschiedenen Aufenthalten an den Universitäten von Harvard, Cambridge und Chicago kehrte er nach Princeton zurück, wo er bis 1970 lehrte und das Institut für Mathematik leitete. Im Jahr 1950 präsentierte er zum ersten Mal das wohl bekannteste und interessanteste Paradox der Spieltheorie, das er Gefangenendilemma nannte und das einen grundlegenden Beitrag zum Konflikt-Kooperation-Modell leistete, das von M. Flood und D. Dresher in Princeton entwickelt wurde.

Neben seiner wichtigen Forschungsarbeit war er auch ein begnadeter Lehrer, der sich für die mathematische Ausbildung interessierte. Er beteiligte sich an Projekten für den Sekundarunterricht, eine Arbeit, die ihn zum Präsidenten der Mathematics Association of America (MAA) machte. Zu seinen unzähligen Doktoranden zählte auch der spätere Nobelpreisträger John Nash.

A: Die Kooperation ablehnen und aufrüsten, als würde man sich auf einen möglichen Krieg vorbereiten.

B: Kooperieren und abrüsten oder wenigstens ein Verbot bestimmter Waffen vereinbaren.

Die vier möglichen Ergebnisse (A, A), (A, B), (B, A) und (B, B), bei denen die erste Koordinate die Strategie von M1 und die zweite Koordinate die Strategie von M2 ist, können in einer Tabelle dargestellt werden.

		Macht M2	
		Option A	Option B
Macht M1	Option A	(A, A) Wettrüsten	(A, B) Nur M1 rüstet auf
	Option B	(B, A) Nur M2 rüstet auf	(B, B) Rüstungskontrolle oder Abrüstung

Es können den Ergebnissen bei Mischung der verschiedenen Strategien auch Werte (numerische Auszahlungen) zugewiesen werden, wobei zu berücksichtigen ist, dass die Auszahlungen für jeden Spieler unterschiedlich sein werden, weshalb es zwei Zahlen in jedem Feld geben wird, von denen die erste Zahl den Gewinnen von M1 und die zweite Zahl den Gewinnen von M2 entspricht.

		Macht M2	
		Option A	Option B
Macht M1	Option A	(2,2)	(5,0)
	Option B	(0,5)	(4,4)

Wenn die Zahlen als Gewinne interpretiert werden, ist das Dilemma deutlich. Was soll M1 tun? Ungeachtet der von M2 gewählten Option ist es im besten Interesse von M1, sich selbst zu bewaffnen. Wenn sich M2 für A entscheidet, wird M1 2 gewinnen, wenn sie sich für eine Aufrüstung entscheidet, und 0, wenn sie sich gegen eine Aufrüstung entscheidet. Während wenn sich M2 für B entscheidet, wird M1 5 gewinnen, wenn sie sich für eine Aufrüstung entscheidet, und 4, wenn sie sich gegen eine Aufrüstung entscheidet. Die Ergebnisse sind symmetrisch für M2, was ebenfalls bedeutet, dass es besser ist, sich selbst zu bewaffnen, und zwar ungeachtet der beiden möglichen Strategien für M1. Es kann also gesagt werden, dass die Lösung (A, A), bei der sich beide Kräfte bewaffnen, mit einer Auszahlung von 2 für beide Kräfte, die nicht-kooperative Gleichgewichtslösung ist, in deren Richtung sich das Spiel zu bewegen scheint. Dennoch ist es für jede der beiden Kräfte besser, wenn die andere Macht abrüstet (die Gewinne sind höher) und zudem der maximale Gesamtgewinn erreicht wird, wenn beide Kräfte abrüsten. Wenn die beiden Mächte also nicht kooperieren, ist die beste Gesamtlösung (4, 4) unmöglich.

Wenn sich also eine Kraft für die Kooperation entscheidet, geht sie das große Risiko ein, dass sie die Strategie der anderen Kraft nicht kennt. Der geringste Gewinn wird erzielt, wenn die andere Kraft nicht kooperiert – und somit wird das Vertrauen zu einem wesentlichen Element im Spiel. Ohne dieses Vertrauen ist das Ergebnis vollständig instabil, denn jede der Kräfte wird versuchen, sich selbst gegen eine mögliche Nichtkooperation ihres Kontrahenten zu schützen. Es gibt viele andere reale Situationen, die im Allgemeinen weniger extrem sind als die beschriebene Situation und in denen es möglich ist, Gegebenheiten zu finden, in denen eine Kooperation – wenn auch schwierig – möglich ist. Spiele werden häufig mehrmals wiederholt und deshalb können Faktoren wie Reputation und Vertrauen sehr wichtig werden, was bedeutet, dass die Spieler die Existenz wechselseitiger Vorteile erkennen. In unserem Beispiel hat eine Abrüstung in einem unkontrollierten Wettrüsten, das zusätzlich zu den hohen Kosten eventuell in einem absoluten Desaster enden könnte, offensichtlich viele Vorteile. Kooperation funktioniert allerdings nur, wenn diese langfristig angelegt ist.

Obwohl die Formulierung des Gefangenendilemmas der Spieltheorie entspricht, ist das diesem Dilemma zugrundeliegende Problem wesentlich älter. Thomas Hobbes (1588–1679), der englische Staatstheoretiker und Autor von *Leviathan*, analysierte eine ähnliche Situation in Bezug auf die soziale Entwicklung in seiner Theoretisierung des politischen Absolutismus. Hobbes behauptete, dass der gesellschaftliche Naturzustand der Krieg aller gegen alle ist. Um eine Kooperation zu ermöglichen, war es laut Hobbes notwendig, Beschränkungen aufzuerlegen und sicherzustellen, dass diese eingehalten werden. Hobbes betrachtete den Gesellschaftsvertrag als die Auferlegung eines kooperativen Ergebnisses und er glaubte, dass sich die Gesellschaft einem Souverän unterwerfen muss, da Entscheidungen, die Konfrontation oder Kooperation implizieren, nicht den Individuen überlassen werden dürften.

Auch in der Wirtschaft können verschiedene Situationen gefunden werden, in denen Szenarien wie das Gefangenendilemma auftreten. In einer kompetitiven Industrie kommt

ROBERT AXELROD UND DAS GEFANGENENDILEMMA

Robert Axelrod, Professor für Public Policy an der Universität von Michigan, Mathematiker und Doktor der Politikwissenschaft, ist ein Experte für Probleme der Kooperation und hat sich auf Spiele wie das Gefangenendilemma spezialisiert. Sein Werk umfasst *Die Evolution der Kooperation*, eine evolutionäre Studie der Kooperation mit dem Hauptargument, dass sich die Strategien, die die Menschen nutzen, tendenziell zu effektiveren Strategien entwickeln, in denen Kooperation erforderlich ist.

In Bezug auf das Gefangenendilemma bemerkt Axelrod, dass, wenn das Spiel nur einmal gespielt wird, das Verhalten des anderen Spielers nicht erkannt werden kann, sodass eine Kooperation nicht erwidert oder eine Abweichung bestraft werden kann und nur kurzfristige Ziele erreicht werden können. Wenn ein Spiel andererseits wiederholt gespielt wird, besteht die Möglichkeit, Strategien aus vorhergehenden Interaktionen abzuleiten und sie auf Gegenseitigkeit basieren zu lassen. Wenn der Gegenspieler häufig kooperiert hat, lohnt es sich vielleicht ebenfalls regelmäßig zu kooperieren. Andernfalls ist es nicht einmal einen Versuch wert.

Unter der Voraussetzung, dass die optimale Strategie unbekannt ist, organisierte Axelrod einen Wettbewerb, an dem sich einige bekannte Spieltheoretiker beteiligten, um zu beobachten, wie sie spielen und versuchen, optimale Strategien zu finden. Am Ende des Spiels war die beste Strategie aus allen Strategien, die ausprobiert wurden, die unkomplizierteste Strategie, „Eye for Eye" genannt. Die Strategie basierte auf einer anfänglichen Kooperation (niemals der erste Spieler sein, der aufgibt) und dem anschließenden Spiel auf der Grundlage der Handlung des Gegenspielers beim vorhergehenden Zug. Wenn der Gegenspieler kooperiert, lohnt es sich, ebenfalls weiter zu kooperieren. Wenn der Gegenspieler nicht kooperiert, sollte der Unterschied schnell deutlich gemacht werden.

es häufig vor, dass die Beteiligten auf bestimmte Praktiken verzichten, die ihnen einen Vorteil gegenüber anderen verschaffen würden, mit dem Argument, dass dies insbesondere auf individueller Ebene besser für alle sei. Dies ist beispielsweise der Fall bei Verträgen zwischen Händlern, um die Rabatte auf ein bestimmtes Niveau zu beschränken (z. B. 10 %). Dies sind Opfer, die von allen Parteien sorgfältig erwogen werden, um ihren Absatz zu steigern, denn alle wissen, dass wenn ein Unternehmen die Methode nicht anwendet, sich auch die anderen nicht daran halten werden und damit alle zusätzliche Vorteile verlieren und tatsächlich ihre Kosten erhöhen.

Das Feiglingsspiel

Gemeinsam mit dem Gefangenendilemma ist das Feiglingsspiel eines der repräsentativsten Spiele der Spieltheorie in Bezug auf Nicht-Nullsummenspiele. Dieses Spiel kann als Ausprägung des Falke-Taube-Spiels betrachtet werden und wird häufig als Mutprobe zwischen zwei Personen beschrieben, in der die Person, die zuerst nachgibt, verliert.

Eine allgemeine Formulierung lautet: Zwei Sportwagen rasen mit hoher Geschwindigkeit aufeinander zu und jeder muss im letzten Moment entscheiden, ob er ausweicht und eine Kollision vermeidet. Es entstehen die folgenden Situationen:

1. Keiner der Sportwagen weicht aus und es kommt zur Kollision. Das ist das schlechteste Ergebnis und beiden Sportwagen wird ein Wert von 0 zugewiesen.
2. Die Sportwagen weichen in letzter Sekunde aus, um eine Kollision zu vermeiden. Das ist ein gutes Ergebnis und für beide gleich, obwohl beide „Stolz" verlieren und keiner als Gewinner betrachtet wird. Jedem Spieler wird ein Wert von 3 zugeordnet.
3. Einer der Sportwagen weicht aus und der andere nicht. Der erste Sportwagen wird eine Menge „Stolz" verlieren und es wird ihm ein Wert von 1 zugewiesen, der zweite wird als Gewinner des Spiels betrachtet und es wird ihm ein Wert von 5 zugewiesen.

Die verschiedenen Strategien und entsprechenden Auszahlungen können in der folgenden Matrix zusammengefasst werden:

		Fahrer 2	
		Weicht aus	Weicht nicht aus
Fahrer 1	Weicht aus	(3,3)	(1,5)
	Weicht nicht aus	(5,1)	(0,0)

DAS FEIGLINGSSPIEL

Obwohl Situationen wie die in diesem Spiel beschriebene Situation nicht häufig vorkommen, gibt es Konflikte, in denen beide Spieler die Situation dominieren möchten (Beziehungen am Arbeitsplatz, Konflikte zwischen Mächten) und die zu ähnlichen Grenzsituationen führen.
Solche Situationen entstehen häufiger in Literatur und Film, wie in Nicholas Ray's Film *...denn sie wissen nicht, was sie tun* (1955), in dem zwei Fahrer ihre Wagen auf eine Klippe zusteuern und derjenige das Feiglingsspiel verliert, der zuerst aus dem Wagen springt.
Sowohl das Gefangenendilemma als auch das Feiglingsspiel sind Spiele mit einem Teilkonflikt, die zeigen, dass es, wenn jeder Spieler seine unmittelbaren Interessen verfolgt, in bestimmten Situationen zu einem katastrophalen Gesamtergebnis kommen kann, ein Aspekt, den beide Spiele teilen. Die beiden Spiele unterscheiden sich allerdings auch in einem Aspekt. Während beim Gefangenendilemma zufällige Strategien die besten Ergebnisse bieten, ist es beim Feiglingsspiel genau umgekehrt und es wird ein besseres Ergebnis erzielt, wenn man dem Gegenspieler genau entgegengesetzt handelt, anstatt dieselbe Strategie zu verfolgen. Dies bedeutet, dass es besser ist, die Uneinigkeit schnell zu zeigen.

Eine Analyse der Situation zeigt, dass die beiden Kontrahenten versuchen werden, ihren höchsten Gewinn zu erzielen und nicht ausweichen, um einen Wert von 5 zu erhalten, sodass beide mit dem schlechtesten Ergebnis enden werden. Es wäre besser auszuweichen, denn dadurch werden beide ein positives Ergebnis erzielen, obwohl keiner von beiden ausweichen möchte, bevor der andere ausweicht, denn dies bedeutet, dass er im Vergleich zum Kontrahenten, der eine Auszahlung von 5 erhält, nur eine Auszahlung von 1 erhalten würde. Das Spiel kann aus einem Blickwinkel der Kooperation analysiert werden, wenn Ausweichen als Kooperation verstanden wird und Nichtausweichen als Desertation, sodass wenn beide Spieler kooperieren, das Gesamtergebnis gut ist. Der jedoch wesentlichste Aspekt dieses Spiels ist, dass es sich dabei um eine Form der Verhandlung handelt, bei der jeder der Beteiligten versucht, das erforderliche Zugeständnis zur Verhinderung einer Katastrophe bis zum letzten Moment hinauszuzögern, um den anderen zu zwingen, „fair“ zu spielen (in diesem Fall durch Ausweichen).

Ein weiterer Aspekt, der dieses Spiel definiert, ist die Rolle der überzeugenden Erklärung der anzuwendenden Strategie vor Beginn des Spiels, wie die Entscheidung, das Steuer eines Wagens zu blockieren, um dessen Ausweichen unmöglich zu machen, sodass der andere zur Wahl einer alternativen Strategie gezwungen wird; mit anderen Worten, sicherzustellen, dass sie ausweichen, um die ansonsten unvermeidliche Kollision zu vermeiden. Sowohl dieses Spiel als auch das Gefangenendilemma zeigen die Schwierigkeit, eine Lösung für solche Situationen zu finden, in denen sowohl Konflikt als auch Kooperation möglich sind. Noch beunruhigender ist allerdings die Tatsache, dass diese Spiele den Konflikt aufdecken, der oft zwischen unseren eigenen unmittelbaren Interessen und denen der Gruppe entsteht.

Kooperieren oder sterben: Das Falke-Taube-Spiel

Die verschiedenen im Rahmen der Spieltheorie analysierten Spiele können auf verschiedenste Situationen angewandt werden. Hierbei handelt es sich im Allgemeinen um wirtschaftliche, politische und militärische Situationen, denn ihre Entwicklung entstammte ursprünglich diesen Bereichen. Im Laufe der Zeit wurden sie aber auch auf andere Bereiche ausgedehnt, wie die Entwicklungstheorie und die Ökologie. Es wird häufig angenommen, dass die Entscheidungsfindung ausschließlich rationalen Lebewesen vorbehalten ist und dass die Spieltheorie deshalb nur auf menschliches Verhalten angewandt werden kann. Im Jahr 1978 zeigten die herausragenden Forschungen von John Maynard Smith, dass sie auch auf das Verhalten bestimmter Spezies bezogen werden kann, die kollektive Strategien entwickelt haben, um zu überleben oder ihre Entwicklung zu fördern. Der Überlebenskampf kann als Wettbewerb verstanden werden, in dem bestimmte Verhaltensweisen von Individuen das Risiko implizieren, dass andere verschwinden. Darüber hinaus kann das „altruistische" Verhalten bestimmter Mitglieder einer Gruppe vorteilhaft für die Gemeinschaft sein, aber fatal für die betreffenden Individuen.

John Maynard Smith entwickelte das, was heute als Falke-Taube-Dilemma bekannt ist und in verschiedener Hinsicht eine Anwendung des Feiglingsspiels. Wenn sich zwei Tiere um die Beute streiten, legen beide normalerweise ein aggressives Verhalten an den Tag und versuchen, ihren Gegner mit Gewalt zu besiegen. Wenn die Konfrontation ungelöst bleibt und es zum Kampf kommt, gibt es zwei Möglichkeiten: Aufgeben und flüchten (Taube), dabei die Beute zurücklassen und am Leben bleiben – oder kämpfen (Falke) mit einem nicht vorhersagbaren Ergebnis, das der Tod sein könnte.

Nehmen wir an, dass eine kleine Gruppe „falkenartiger" Individuen unter einer Gruppe „taubenartiger" Individuen lebt. Die „falkenartigen" Individuen werden zunächst erfolgreich sein, weil ihre Strategie erfolgreich ist (jedes Mal, wenn sie mit einer Taube in Konflikt geraten, werden sie gewinnen), was bedeutet, dass sich die Zahl der Falken im Laufe der Zeit erhöhen wird. Das bedeutet aber auch, dass die Konflikte zwischen den Falken zunehmen werden, was wiederum im Tod und der Reduzierung der Zahl der Falken resultieren wird. Im Laufe der Zeit wird diese Situation zu einem Gleichgewicht zwischen Falken und Tauben führen, was – wie wir sehen können – in der realen Welt der Fall ist.

Smith nutzte diese Gegebenheiten zur Entwicklung eines Spiels, in dem er den verschiedenen Handlungen Auszahlungen zuteilte, die in der folgenden Matrix dargestellt sind:

	Falken	Tauben
Falken	(-5, -5)	(10,0)
Tauben	(0,10)	(2,2)

Die zugewiesenen Auszahlungen basieren auf den folgenden Schemata: Ziel erreichen (wie die Beute töten oder einen Partner finden) 10 Punkte; verwundet werden -20 Punkte. In einem Konflikt zwischen Falken – mit der Annahme, dass wenn ein Falke gewinnt, der andere verliert – ist das durchschnittliche Ergebnis -5. Bei einem

JOHN MAYNARD SMITH (1920–2004)

John Maynard Smith war ein englischer Evolutionsbiologe und Genetiker, der die Mathematik und insbesondere die Spieltheorie für seine Forschungsarbeit zur Evolution einsetzte. Er besuchte das bekannte Eton College und studierte Ingenieurswissenschaften am Trinity College in Cambridge. Bereits in frühen Jahren war er Mitglied der Kommunistischen Partei, aus der er 1956 nach der Niederschlagung des ungarischen Volksaufstandes durch sowjetische Truppen austrat. Er änderte bald seine wissenschaftliche Ausrichtung und studierte Genetik am University College in London. Dort lehrte er auch Zoologie und veröffentlichte 1958 das berühmte Fachbuch *The Theory of Evolution*, das sich großer Beliebtheit erfreute.

Ab 1962 arbeitete er an der Universität von Sussex, zu deren Gründern er zählte, und 1973 veröffentlichte er seinen wichtigsten Beitrag zur Spieltheorie, der als evolutionär stabile Strategie bekannt ist. Seine Untersuchungen dieser Theorie führten zur Veröffentlichung des Buches *Evolution and Theory of Games* (1982), in dem das Falke-Taube-Spiel beschrieben ist. Im Jahr 1977 wurde er Mitglied der Royal Society und 1986 erhielt er die Darwin-Medaille, zwei Auszeichnungen von vielen, mit denen seine Arbeit geehrt wurde. Die European Society for Evolutionary Biology schuf einen Preis zu seinen Ehren für Jungwissenschaftler in diesem Bereich.

Konflikt zwischen einem Falken und einer Taube werden die Falken immer gewinnen (10), während sich die Taube zurückzieht (0). Wenn sich zwei Tauben streiten, entstehen, obwohl es keine Verwundeten gibt, ein hoher Zeitverlust und ein unnötiges Risiko, weshalb Smith einen Wert von -3 zuweist. Bei einem Konflikt zwischen Tauben erhält der Gewinner 10 – 3 = 7 und der Verlierer -3, was einen Durchschnitt von 2 ergibt.

Auf der Grundlage dieses Spiels wurde die Idee einer evolutionär stabilen Strategie eingeführt, das heißt, einer Strategie, die trotz eines abweichenden wechselseitigen Verhaltens erhalten bleibt. Mithilfe dieser Strategie zeigte Smith, dass zwei Populationen, von denen eine ausschließlich aus Falken besteht und die andere aus Tauben, evolutionär instabil wären. Den zugewiesenen Auszahlungen entsprechend, würde eine gemischte Strategie mit 8/13 Falken und 5/13 Tauben eine evolutionär stabile Gemeinschaft bilden, das heißt, dass sich weder die Zahl der Falken noch die Zahl der Tauben erhöht. Es ist einfach zu zeigen, dass dies der Fall ist. Die Schwierigkeit liegt allerdings darin zu erklären, wie eine Gruppe dies in die Praxis umsetzen kann. Eine Lösung ist die Vorstellung der Existenz eines „Falkengens" bei 8/13 der Population und eines anderen Gens in der restlichen Population, das die Individuen dazu veranlasst, sich wie Tauben zu verhalten, oder der Existenz eines einzigen Gens, das im selben Verhältnis die eine Form des Verhaltens auslöst oder die andere.

Im vorstehend beschriebenen Modell ist deutlich, dass keine der beiden Strategien zufriedenstellend ist: Die Falken schlagen die Tauben, aber verlieren den Konflikt zwischen sich, während die Tauben ein gutes Ergebnis erzielen, wenn sie gegeneinander kämpfen, aber nicht, wenn sie gegen die Falken kämpfen. Es wird eine Lösung benötigt, die die Konflikte zwischen den Falken reduziert und sie trotzdem anhält, ängstliches Verhalten auszunutzen, mit anderen Worten, ihren Vorteil gegenüber den Tauben beizubehalten und gleichzeitig die Zahl der gewalttätigen Konfrontationen zwischen sich zu reduzieren. Aus diesem Grund wird diese Lösung als „evolutionär stabile Strategie" bezeichnet. Als Beispiel dafür, wie sich verschiedene Anwendungen gegenseitig unterstützen und Ideen für neue Anwendungen entwickeln, wurde das Konzept der Evolution von Robert Axelrod im Rahmen des Studiums kooperativer Strategien in einer Gemeinschaft, in der ein bestimmtes Spiel sehr häufig gespielt wird (siehe Kasten auf Seite 127), in die Spieltheorie eingeführt.

Spiele mit mehr als zwei Spielern

Bislang haben wir Spiele mit zwei Spielern, Personen, Unternehmen, Parteien, Armeen oder allgemein zwei Gruppen betrachtet. Die Möglichkeit, dass zwei oder mehr Spieler

Partnerschaften bilden, um ihre Ergebnisse auf Kosten der anderen zu verbessern, war nicht realistisch. Das berühmte Werk von von Neumann und Morgenstern, *The Theory of Games and Economic Behavior*, beschäftigte sich zum ersten Mal mit Spielen mit *n* Personen und der Einführung von Konzepten zu deren Lösung.

Spiele mit *n* Personen

Beispiel: Drei Unternehmen, E1, E2 und E3, haben jeweils einen Wert von 1 Euro. Jedes Unternehmen kann eine Partnerschaft mit einem anderen Unternehmen eingehen, um eine Koalition zu bilden und der Wert jeder Koalition steigt um 9 Euro. Wenn zwei Unternehmen ihre Kräfte bündeln, wird ihr Wert 11 Euro betragen. Wenn jedoch alle drei Unternehmen ihre Kräfte bündeln, wird ihr Wert 12 Euro betragen. Nehmen wir an, dass alle drei Unternehmen vollkommen gleich sind. Wie sollten sie sich zusammenschließen und wie sollten die Gewinne verteilt werden?

Das vorstehende Spiel wird in seiner sogenannten „charakteristischen Form" beschrieben. Beide Spieler und die Koalitionen haben einen stabilen Wert, und wenn eine Koalition gebildet wird, agiert sie wie ein neuer Spieler und ersetzt die beiden Unternehmen, die ihre Kräfte gebündelt haben, sodass die Methoden für Spiele mit zwei Spielern angewandt werden können. Die Koalition agiert, um ihren Gewinn zu maximieren, und, wenn es sich um ein Nullsummenspiel handelt, wird dieses Ziel erreicht indem die Gewinne des Gegenspielers minimiert werden. Nehmen wir ebenfalls an, dass das Spiel vollkommen kompetitiv ist, sobald die Koalitionen gebildet wurden.

Wenn keine Partnerschaften gebildet werden, verharren alle Unternehmen in ihrem ursprünglichen Zustand mit einem Wert von jeweils 1 Euro. Bei einer Partnerschaft zwischen allen Unternehmen (Gesamtwert von 12 Euro) besteht angesichts der Symmetrie der Situation eine gleichmäßige und zufriedenstellende Verteilung und alle Unternehmen erhalten 4 Euro. Diese Möglichkeit wird mit der Dreiergruppe (4, 4, 4) dargestellt, die die Auszahlungen für jedes Unternehmen enthält und als „Imputation" bezeichnet wird.

Es sind aber auch andere Imputationen möglich, wenn die Summe der Auszahlungen 12 Euro beträgt. Wenn zwei Unternehmen eine Partnerschaft bilden, beispielsweise E2 und E3, wird das dritte Unternehmen (E1) nur 1 Euro erhalten und die anderen beiden Unternehmen insgesamt 11 Euro. Eine mögliche Imputation wäre (1, 5,5, 5,5), obwohl es noch viele weitere gibt. Angesichts dessen, dass die beiden Unternehmen ihre Auszahlungen in Bezug auf die vorherige Imputation erhöhen, scheint dies eher wahrscheinlich – denn es ist eine bessere Lösung als die erste Lösung.

Obwohl die Lösung (1, 5,5, 5,5) die plausibelste Lösung wäre, ist diese Lösung nicht stabil, denn Unternehmen E1, das keine Partnerschaft eingehen konnte, kann beispielsweise Unternehmen E2 eine andere Partnerschaft vorschlagen, in der beide eine höhere Auszahlung erhalten, beispielsweise (5, 6, 1). Unternehmen E2 kann jetzt versuchen, in derselben Partnerschaft eine noch geringere Auszahlung für Unternehmen E1 auszuhandeln, oder Unternehmen E3 kann eine neue Partnerschaft anbieten. Dieser Prozess könnte unendlich weiterlaufen mit dem Bestreben, eine stabile Verteilung zu erreichen, bei der das Spiel als gelöst betrachtet werden kann.

Die Analyse von Spielen mit *n* Spielern durch von Neumann und Morgenstern ließ sie schnell zu dem Schluss kommen, dass es keine einzige optimale Lösung gibt, sodass akzeptiert werden musste, dass die Lösung nicht durch eine einzige Imputation determiniert ist. Jede Analyse zeigte jedoch, dass nicht alle Imputationen Teil einer Lösung sein können, was sie dazu veranlasste zu versuchen, die Bedingungen zu definieren, die von den Imputationen erfüllt werden müssen, die die Lösung des Spiels bilden, wobei die Lösung als Menge von Imputationen zu verstehen ist (Auszahlungen für alle Spieler).

Um die Bedeutung dieser Bedingungen zu verstehen, muss ein anderes Konzept angewandt werden, das als „Dominanz" einer Imputation gegenüber einer anderen verstanden werden muss. Wenn wir zugrunde legen, dass für jedes Angebot zur Bildung einer Koalition und ihre Verteilung eine andere entsteht, folgt, dass die neue Imputation von Auszahlungen nicht willkürlich ist, sondern vernünftigerweise besser als die vorhergehende. Das bedeutet, dass es eine Auswahl an Spielern geben muss, die eine neue Koalition bilden möchten, und eine entsprechende Imputation, in der sie eine Auszahlung erhalten, die höher ist als der vorherige Vorschlag.

Mithilfe der Definition der Konzepte von Imputation und Dominanz ist es jetzt möglich, die Bedingungen für die Bestimmung der Menge an Imputationen zu formulieren, die die Lösungen bilden. Es gibt im Wesentlichen zwei Bedingungen:

1. Alle Imputationen, die Teil der Lösung sind, dürfen nicht von einer anderen dominiert werden, die ebenfalls Teil der Lösung ist.
2. Alle Imputationen, die nicht Teil der Lösung sind, müssen von einer Imputation dominiert werden, die Teil der Lösung ist.

Unter diesen Bedingungen glaubten von Neumann und Morgenstern, dass die vorgeschlagene Lösung neben der Vermeidung interner Widersprüche einem sozial akzeptablen Verhalten entsprach. Um diese Methode anwenden zu können, gibt es eine Reihe von Bedingungen, wobei die grundlegendste Bedingung lautet, dass die Spieler jederzeit uneingeschränkt kommunizieren dürfen, in Paaren oder alle gemeinsam miteinander.

Kooperative Spiele, Partnerschaften und Verteilungen

Im weiteren Verlauf werden wir weitere Spiele mit *n* Spielern betrachten, wobei wir einige Situationen mit zunehmendem Schwierigkeitsgrad analysieren wollen und davon ausgehen, dass die Spieler miteinander kommunizieren können und vor Spielbeginn Vereinbarungen treffen.

Beispiel 1

Nach Abschluss eines Geschäfts müssen drei Geschäftsleute, Anna (A), Beatrice (B) und Cedric (C) den Gewinn in Höhe von 200.000 Euro untereinander verteilen. Sie entscheiden, dass die Verteilung durch einfache Mehrheit erfolgen wird. Jeder hat eine Stimme. Es gibt vier mögliche Koalitionen: ABC, AB, AC, BC. Dennoch beinhaltet jede Koalition unterschiedliche Wege der Gewinnverteilung zwischen den drei Beteiligten.

Anna schlägt die folgende Verteilung vor: A = 68.000, B = 66.000 und C = 66.000. Beatrice schlägt eine andere Verteilung vor: A = 60.000, B = 70.000 und C = 70.000, die besser für sie und Cedric ist. Cedric schlägt eine dritte Verteilungsmöglichkeit vor: A = 70.000, B = 0 und C = 130.000, mit einem höheren Gewinn sowohl für Anna als auch ihn selbst. Hier gibt es kein Gleichgewicht, denn jeder Vorschlag könnte durch einen anderen geändert werden, um den von jedem Partner erhaltenen Gewinn in einer neuen Partnerschaft zu verbessern.

In kooperativen Spielen mit Partnerschaften ist eine „Lösung" ein Vorschlag für eine stabile Partnerschaft und Verteilung von Gewinnen, also eine Verteilung, die eine zufriedenstellende Vereinbarung zwischen den Mitgliedern der Koalition garantiert.

Beispiel 2

Nehmen wir nun an, dass die Entscheidung über die vorstehende Verteilung anhand der Investitionen der einzelnen Partner erfolgt, sodass Anna nun 5 Stimmen hat, Beatrice 3 Stimmen und Cedric 1 Stimme. Jetzt sind die möglichen Partnerschaften zum Erreichen einer Mehrheit: ABC, AB, AC, A.

Da Anna eine Mehrheit hat, kann sie eine Verteilung vorschlagen, die ihr den gesamten Gewinn sichert: A = 200.000, B = 0 und C = 0. Obwohl die Verteilung nicht fair ist, ist sie stabil. Anna hätte einen Vorteil und es ist unmöglich, eine Partnerschaft ohne Anna zu bilden. Demnach handelt es sich hier um eine Lösung, die der soeben aufgestellten Definition entspricht.

Bei dieser Art von Spielen ist der Wert des Spiels der garantierte Gewinn für jeden Spieler, wenn die Spieler rational handeln und unabhängig von den Entscheidungen der anderen Spieler sind. Im ersten Beispiel ist keinem Spieler der Erhalt eines Gewinns garantiert, was bedeutet, dass der Wert des Spiels A = 0, B = 0 und C = 0 ist. Andererseits lautet der Wert des Spiels im zweiten Beispiel A = 100, B = 0 und C = 0.

Beispiel 3

Lassen Sie uns die Angelegenheit nun weiter verkomplizieren, um die Situation der Realität näher zu bringen. Bei einer Wahl teilen sich 5 Parteien 81 Sitze, die folgendermaßen verteilt sind: A = 33, B = 24, C = 15, D = 6, E = 3. Angesichts dessen, dass keine der Parteien eine absolute Mehrheit (41 Sitze) hat, muss eine Partnerschaft oder Koalition eingegangen werden, um eine Regierung zu bilden. Die Koalition wird die Verteilung des Budgets und die Zuweisung der Verantwortlichkeiten bestimmen. Hierbei spielen ideologische Affinitäten keine Rolle und es wird angenommen, dass die Bedeutung der Positionen vom Budget abhängt, für das die einzelnen Koalitionäre verantwortlich ist. Zuletzt wird eine Wahldisziplin garantiert.

Von allen möglichen politischen Koalitionen (1 mit 5 Parteien, 5 mit 4 Parteien, 10 mit 3 Parteien, 10 mit 2 Parteien und 5 mit 1 Partei) gibt es 16 machbare (mit einem Minimum von 41 Sitzen). Da keine der Parteien eine Mehrheit hat, ist der Wert des Spiels für jede der Parteien 0, denn keine der Parteien ist wesentlich für die Bildung einer Koalition mit der Fähigkeit zu regieren.

In Situationen wie der oben beschriebenen schlug der Mathematiker und Ökonom Lloyd Shapley ein Verteilungssystem vor, dessen Werte proportional zur Zahl der ge-

LLOYD STOWELL SHAPLEY (*1923)

Shapley ist ein wichtiger US-amerikanischer Mathematiker und Ökonom, der einige wesentliche Beiträge zur Spieltheorie leistete. Er studierte Mathematik in Harvard und schloss sein Studium im Jahr 1948 ab, nachdem er als Stabsunteroffizier während des Zweiten Weltkrieges in China stationiert war. Er arbeitete ein Jahr für die RAND Corporation und promovierte 1953 an der Universität von Princeton – eine Zeit, in der viele bekannte Spieltheoretiker dort beschäftigt waren. Er kehrte bis 1981 zur RAND Corporation zurück und trat anschließend dem Lehrkörper der Universität von Kalifornien in Los Angeles (UCLA) bei.

In seiner Doktorarbeit begann er bereits mit der Einführung bestimmter Konzepte, wie dem Shapley-Wert, und während seiner langen Karriere veröffentlichte er weiterhin Ergebnisse seiner anfänglichen Forschung. Er ist seit 1979 Mitglied der National Academy of Sciences und hat viele Auszeichnungen erhalten, einschließlich des John von Neumann Theory Prize im Jahr 1981.

winnenden Partnerschaften sind, in denen die Beteiligung des Spielers entscheidend ist (ohne ihn könnte die Partnerschaft nicht länger gewinnen). Die Auszahlung jedes Spielers wird als Shapley-Wert bezeichnet. Ein Spieler ist in einer Koalition nicht entscheidend, wenn er nicht ausschlaggebend für ihren Erfolg ist.

In unserem Beispiel ist in einer Koalition mit allen Parteien keine Partei entscheidend, während in einer BCDE-Koalition B und C entscheidend sind, denn wenn sie sich aus der Koalition zurückziehen würden, hätten die verbleibenden Parteien keine Mehrheit mehr (wenn sich B zurückzieht, werden der Koalition nur 24 Sitze bleiben, und wenn sich C zurückzieht, wird die Koalition 33 Sitze haben). Andererseits sind D und E nicht entscheidend, denn wenn sich eine dieser Parteien aus der Koalition zurückzieht, bleibt ihre Mehrheit erhalten (wenn sich D zurückzieht, wird die Koalition 42 Sitze behalten, und wenn sich E zurückzieht, behält die Koalition 45 Sitze). Unter

Partei	Anzahl der Koalitionen, in der die Partei entscheidend ist
A	10
B	6
C	6
D	2
E	2

diesen Umständen und bei entsprechender Zählung kann die Zahl der Koalitionen, in der jede der Parteien entscheidend ist, in der folgenden Tabelle zusammengefasst werden:

Unter diesen Umständen kann die Verteilung in Übereinstimmung mit dem von Shapley vorgeschlagenen Modell erfolgen. Wenn eine Koalition zwischen allen Parteien gebildet wird und das Budget 2,6 Millionen Euro beträgt, würde die Verteilung auf der Grundlage des Shapley-Wertes folgendermaßen lauten (in Millionen):

A = 1.000
B = 600
C = 600
D = 200
E = 200

In jeder anderen Koalition wird jede der beteiligten Parteien ein Budget erhalten, das auf dieselbe Weise verteilt wird. Dieses wäre jedoch niemals niedriger als das in dieser

Koalition erhaltene Budget. Dieser Verteilungsvorschlag ergibt nicht die einzige stabile Lösung, denn es gibt auch einige andere Möglichkeiten. Doch gibt es bei dieser Art der Verteilung in keiner anderen gebildeten Koalition eine stabile Möglichkeit, die den Beteiligten einen höheren Wert bietet.

Sowohl die von von Neumann vorgeschlagene Methode als auch die von Shapley zeigen, dass die Lösung einerseits nicht durch eine einzige Imputation ausgedrückt wird, sondern durch eine Reihe von Imputationen, und dass es andererseits möglich ist, eine Reihe von Eigenschaften aufzustellen, die es ermöglichen zu entscheiden, ob eine bestimmte Imputation Teil der „Lösungsreihe" ist.

In den letzten beiden Kapiteln wurde gezeigt, dass die analysierten Situationen zunehmend komplexer werden und mehr und mehr realen Situationen entsprechen, wobei die mathematischen Methoden, die in dem Versuch angewandt werden, diese Probleme zu lösen, weniger aussagekräftig werden. Dies bedeutet nicht, dass sie nicht länger gleichermaßen gültig sind, sondern nur, dass reale Situationen, die Elemente des Konflikts und der Kooperation beinhalten, spezifische Eigenschaften haben. Dies bedeutet, dass die mathematischen Methoden, die in einem Lösungsversuch angewandt werden, die Tatsache berücksichtigen müssen, dass ihre Gültigkeit von diesen Eigenschaften abhängt.

Literaturverzeichnis

DAVIS, M.D., *Game Theory: a Nontechnical Introduction*, Mineola, Dover, 1997 / New York, Basic Books, 1983.

GARDNER, M., *Entertaining Mathematical Puzzles*, Mineola, Dover, 1986.

LUCAS, E., *Récréations mathématiques*, ursprünglich veröffentlicht in 4 Bänden, 1883 / Whitefish, MT, Kessing Publishing, 2010.

MILLÁN, A. and GIORGIO, I., *The World as a Mathematical Game: John von Neumann, Twentieth Century Scientist*, Basel, Birkhäuser, 2009.

PACKEL, E.W., *The Mathematics of Games and Gambling*, Washington, Mathematical Association of America, 1981.

POUNDSTONE, W., *Prisoner's dilemma: John von Neumann, Game Theory and the Puzzle of the Bomb*, Oxford University Press, 1993.

Register